JEAN-FRANÇOIS DEREC

Juif d'origine polonaise, Jean-François Derec est l'auteur d'un one-man show joué 300 fois à Paris et en province. Il est aussi comique, acteur de télévision, de cinéma (*Tout le monde n'a pas eu la chance d'avoir des parents communistes*, *L'homme est une femme comme les autres*) et de théâtre (dans l'adaptation du film de Lubitsch, *The Shop around the Corner*), et chroniqueur dans deux émissions de Laurent Ruquier, " On a tout essayé ", sur France 2, et " On va se gêner " (Europe 1).

DE LA SURVIE
EN MILIEU HOSTILE

JEAN-FRANÇOIS DEREC

DE LA SURVIE EN MILIEU HOSTILE

JC LATTÈS

ISBN 2-266-12323-8

À Brigitte
sans qui rien ne se serait passé.

À Laurent
avec qui tant de choses sont arrivées.

1

À présent je possède un réveil électronique digital. Cadeau de ma banque. Elle ne se gêne pas pour me le rappeler, d'ailleurs, puisque c'est écrit dessus.

Il indique 17 h 40.

Or il est 17 h 43.

Et il est bien précisé, au dos : « Réglage à la seconde près. »

Bien sûr, on s'en fout, d'être précis à la seconde près. Mais le seul intérêt de ces appareils étant justement leur précision absolue, autant qu'ils le soient. Et intellectuellement, quelle satisfaction, d'être précis à la seconde près ! On se sent en phase avec le monde. C'est le minimum, si on veut agir sur ce fameux monde, de savoir l'heure qu'il est. On n'a plus d'excuses pour ne pas apporter sa brique, sa petite touche personnalisée à son édification. Sinon autant avoir une bonne vieille tocante à cadran ! C'est bien agréable aussi. Quand on vous demande l'heure, il faut interpréter la position des aiguilles : « Pas tout à fait moins vingt » ou « À peine 6 heures passées », ce qui est une sorte d'appréciation indulgente sur le retard de votre interlocuteur, une façon de dire : « Vous faites pas de bile pour ça, quelques minutes, qu'est-ce que c'est dans une vie, on a bien le temps. »

Maintenant, quand on demande l'heure, on nous

répond : « Il est 42. » On ne sait même pas de quelle heure ! Mais on n'ose pas le demander à un homme aussi précis ! Il pourrait appeler la police et nous faire interner pour trouble à l'ordre public.

En tout cas ces trois minutes sont de trop pour mon sens de la perfection. Il convient de les éliminer.

Ça fait bien longtemps que le mode d'emploi a disparu. Qui garde le mode d'emploi d'un réveil ? Conserve-t-on celui d'un épluche-légumes ? Et aujourd'hui, le réveil est aussi banal que l'épluche-légumes de nos grands-pères. Il faut être résolument moderne, comme disait ce vieux Rimbaud, qui pourtant aurait été bien incapable de programmer mon réveil.

Il n'y a que deux boutons : *reset* et *lock*. Pas bien compliqué. Je ne me fais pas l'injure d'aller voir dans un dictionnaire ce que ça veut dire, puisque je suis moderne. Je possède l'anglais horloger.

Je décide d'appuyer sur l'un d'entre eux, avec pourtant une sourde angoisse. Vais-je jouer mon petit Faust, et déchaîner des forces aussi mystérieuses que maléfiques, pour avoir voulu pénétrer les mystères du temps, pour avoir voulu égaler les dieux ? Seuls les dieux ont droit à la précision à la seconde près !

Mais bon ! Je ne vais pas déclencher de catastrophes avec ces deux petits boutons de rien du tout.

Allez. Essayons d'égaler les dieux.

J'appuie sur *lock*. Rien. Ce qui s'appelle rien. Peut-être deux fois ?

Aïe aïe aïe ! Qu'ai-je fait ? L'heure a disparu ! À la place, des chiffres mystérieux ! 1, 7, 96 ! Qu'est-ce que c'est que ça ? Un code kabbalistique ? Le temps sidéral ? L'heure sur la planète Orlak ?

Au-dessus, il y a des petites lettres : S-U-N... Sun... Sunday ? Sunday pour dimanche ! Mais oui ! C'est tout bêtement la date ! J'ai décrypté une partie du code génétique du réveil !

Mais pourquoi dimanche alors qu'on est jeudi ? Et pourquoi le 1er juillet 1996 alors qu'on est en août 2001 ? Et ça ne fait que quinze jours que je l'ai, ce réveil. Que s'est-il donc passé le 1er juillet 1996 ? Des événements mystérieux ? Un atterrissage d'humanoïdes originaires de la planète Orlak, avec qui le constructeur du réveil serait en contact ?

Je me mets à rêver à un secret qui ferait de moi le maître du monde.

Mais, dans le fond, je m'en fous de la date. Ce que je veux, c'est revenir à l'heure. Et vite. Est-ce possible ? Je me sens comme Wells (HG) dans sa machine à remonter le temps. Une seule fausse manœuvre et c'est foutu, il ne reverra plus jamais son époque chérie !

Et si je rappuyais sur *lock* ? ça devrait revenir.

Essayons.

Rien.

Absolument rien ? Pas tout à fait. 96 se met à clignoter. Ça veut dire quoi, ça, clignoter ? Je rappuie. Maintenant c'est le 7 qui clignote ; encore une fois et c'est le 1.

Mais je m'en tape, que ça clignote ! Je veux revenir à avant ! Quand ça ne clignotait pas et que le monde vivait heureux !

Impossible, ça n'arrête pas de clignoter. Et si j'appuie deux fois ? Ça ne change rien.

Je ne peux pas rester avec ce temps qui clignote ! Même si je ne le regarde plus jamais, ce réveil, même si je l'enfouis au plus profond d'un tiroir, ou dans une malle au grenier, l'idée de savoir qu'il est quelque part dans la maison, et qu'il clignotera jusqu'à la fin des temps m'est insupportable. Comme si c'était une bombe à retardement.

Et si j'appuyais sur *reset* ? Allons-y, tentons le tout pour le tout ! Au point où j'en suis.

J'appuie sur *reset*.

Ouiiii ! Je suis revenu à l'heure ! Bravo ! Quel talent ! Je suis mûr pour pirater les ordinateurs du Pentagone.

Sauf que l'heure clignote aussi.

Une idée vient de germer en mon esprit. Je rappuie sur *reset*. La date revient. OK, j'ai compris : Avec *reset*, on passe de l'heure à la date. Je rappuie encore.

Catastrophe ! Rien que des huit, maintenant ! Et des huit qui clignotent aussi !

Qu'est-ce que ça veut dire, tous ces huit ? J'ai tout annulé ? Est-ce qu'il est 8 h 88 ? Et c'est quoi, une nouvelle façon de mesurer l'heure ? Et 8 h 88, c'est avant ou après 9 heures ?

Je veux revenir à mon heure normale ! L'heure terrestre, celle à laquelle je me suis habitué !

Pas d'affolement. Ne cède pas à la panique qui te dicterait d'appuyer partout à tort et à travers.

Respire.

Si je regarde attentivement, les huit sont disposés ainsi : 88:88:88, et non 888888. Pourquoi ces deux points ?

Ça ressemble aux chiffres qui défilent sur l'écran de télé, quand on regarde les JO. C'est donc un chronomètre !

Sans le savoir, j'ai découvert la fonction chronomètre. Cette fois-ci, c'est à Newton que je m'apparente. Quand il déchiffrait pas à pas la mécanique céleste. Lui non plus n'avait pas le mode d'emploi.

J'appuie à nouveau sur *reset*. Rien. Deux fois. Rerien. Peut-être un petit coup de *lock* ? Va pour *lock*.

Toujours que dalle.

Je suis bloqué sur le chronomètre.

Et si j'appuyais en même temps sur *reset* et *lock* ? Mais en même temps ou l'un après l'autre ? Et si oui, lequel en premier ?

Essayons les trois combinaisons.

Mais je n'ai pas besoin de les essayer toutes. La première produit un effet surprenant.

Voici que d'autres chiffres viennent de remplacer mes six huit.

Il s'agit de 01:09:26.

Si j'en juge aux deux points entre chaque série de deux chiffres, il s'agit toujours de la fonction chrono, du moins je le suppute.

Mais que mesure ce temps ? Car moi, je n'ai jamais rien chronométré, je ne savais même pas que ça existait.

Aurait-on chronométré quelque chose à mon insu ?

Mais qui ?

Et quoi ?

J'ai du mal à envisager que des malfaiteurs se soient introduits dans la maison sans rien voler juste pour chronométrer quelque chose !

À moins qu'en usine, loin, tout là-bas en Asie du Sud-Est, un ouvrier se soit servi de mon réveil pour son usage personnel. Je ne peux pas le croire d'un Coréen, si dévoué à son travail et à son employeur. Je l'imagine, cet ouvrier. Dans la semaine, il dort dans un tiroir loué par son usine, loin de sa famille qui survit pauvrement à la campagne. Le week-end, il rentre et chronomètre en cachette un de ses fils qui fait de l'athlétisme après ses douze heures de travail quotidien, seul espoir de la famille pour sortir de la misère. Découvert, il fait hara-kiri. À cause de moi ?

Bon. On ne va pas passer la soirée là-dessus. Laissons ce mystère qui nous dépasse et n'essayons surtout pas de l'organiser comme le conseillait l'ami Jeannot Cocteau.

Et d'ailleurs je m'en fous, du chronomètre ! Je n'ai rien à chronométrer ! Je veux revenir au temps normal !

Essayons deux fois *reset* plus une fois *lock*.

Ça marche ! Me voici à l'heure ! Quelle grande victoire des forces de progrès sur l'obscurantisme !

Sauf que l'heure clignote aussi. J'appuie sur *lock* tout seul.

Tiens, c'est passé de 17:45:17 à 17:46:17. C'est bien ! J'ai trouvé comment régler les minutes. Je rappuie ? Ça passe de 46 à 47. C'est bien aussi, sauf que j'ajoute des minutes. Alors que moi, je veux en enlever.

Et si j'appuyais sur *reset* suivi de *lock* ? Maintenant ce ne sont plus les minutes, mais les heures qui clignotent !

Sans réfléchir, j'appuie sur *reset* une fois. Qu'ai-je fait là ! J'ai fait avancer les heures ! Il est 18:47:17 ! Impossible de revenir en arrière, ce qui est bien logique, philosophiquement, sauf que là il ne s'agit pas de philosophie, mais juste de me réveiller le matin pour ne pas rater le métro.

En voulant retarder de trois minutes j'ai avancé de 1 heure 02 !

Je donnerais tout pour revenir à trois minutes de retard ! C'est rien ça, trois minutes ! Quel besoin avais-je de vouloir faire mieux ? C'est tout moi ! Je comprends maintenant le sens d'un proverbe que je tenais pour obscur : « Le mieux est l'ennemi du bien. »

Qu'est-ce que j'en ai à foutre, d'être précis à trois minutes près alors que les autres sont tout le temps en retard ! Je serai le seul à être à l'heure ? Et à quoi ça m'avancera ? Je poireauterai comme un con. Si j'en fais la remarque aux retardataires, je passerai pour un emmerdeur et si je ne dis rien, si je laisse ces petites contrariétés s'accumuler, c'est le flip direct avec brûlures d'estomac !

Je suis pris d'une bouffée de haine pour les fabricants. Est-ce qu'ils s'en servent, de leurs produits ? Bien sûr que non ! Ah, ils doivent bien rigoler, au milieu de leurs pendules Louis XVI achetées avec l'argent des gogos qui sont tombés dans le piège de la précision à la seconde près ! Ils nous ont bien eus avec leurs risettes et leurs loques !

Que faire ?

Deux solutions s'offrent à moi.

Un : laisser le réveil tel quel, et ne plus jamais y toucher. Ne pas oublier simplement qu'il avance de 1 h 02. Chaque fois que je lirai l'heure, je devrai retirer 1 h 02. Pratique. Autant revenir au cadran solaire, au moins c'est joli. Ou au sablier. Ou au boulier.

Deux : prendre le réveil, le jeter avec force sur le sol et l'écraser à coups de pompe.

C'est la solution que je choisis.

Je m'aperçois alors qu'il est plus solide qu'il en a l'air. Autant il était fragile quand je voulais m'en servir, autant pour le détruire, alors là, il est résistant, le bougre !

Décidément il fera tout pour m'emmerder ! Un cadeau de ma banque ? Minable ! Qu'est-ce que j'en ai à foutre ! Feraient mieux de baisser mes agios, oui !

Pris d'une frénésie destructrice, je le massacre. Je vais même chercher un marteau pour le finir. Je suis effrayé par les forces obscures que j'ai déchaînées en moi-même. Je ne me croyais pas capable d'une telle violence. Qu'en serait-il si un être humain se mettait en travers de ma route ?

Je m'assois, haletant.

J'entends des talons frapper le carrelage.

J'ai juste le temps de pousser les résidus de haute technologie sous l'armoire.

Un charmant visage s'insinue dans l'encadrement de la porte.

Je suis dans un fauteuil, impassible.

Elle me regarde. Se doute-t-elle de quelque chose ?

— Tu n'oublies pas qu'on mange chez Marie, ce soir !

Elle s'en va.

Mon faciès se fend alors d'un rictus sauvage.

Ce soir, je programme le nouveau magnétoscope.

2

Le supplice de la roue a été aboli. L'écartèlement, le pal et l'estrapade ne sont plus que de vieilles gravures dans les livres d'histoire.

Mais il reste encore un grand supplice au XXIe siècle, qui n'est pas près d'être supprimé.

L'achat du pantalon.

Quiconque n'est jamais passé par là ignore ce qu'est l'angoisse.

Février. Par une série de mimiques appropriées, mon entourage me fait comprendre que mon vieux pantalon a fait son temps.

Je le sentais confusément depuis quelque temps, mais je refusais de l'admettre. Entre le moment où le concept « Il me faut un nouveau pantalon » se forme dans mon cerveau (lobe antérieur gauche) et le moment où le pantalon est chez moi, il s'est écoulé en général un temps immémorial. Une énorme quantité de secondes. Une énergie mentale phénoménale a été dépensée et des recoins inconnus de mon cerveau reptilien ont dû se mettre en branle. Je me suis retrouvé en face de moi-même et ça n'a pas été joli à voir. Le désespoir m'a guetté. J'en suis sorti lessivé avec le désir très net de ne plus jamais acheter de pantalon de ma vie.

On veut croire qu'il peut tenir encore un peu, le pantalon. Il commence à faire des poches aux genoux et ça lustre aux fesses. On espère, l'inconscient, que ça va s'arranger ! Comme si un lustrage aux fesses allait s'arranger tout seul. On sait bien que non, mais on retarde l'échéance : la vérité fait trop mal.

Car l'achat du pantalon est toujours précédé d'un supplice bien pire encore. Le mot seul fait frémir. On n'en parle qu'à mots couverts dans les chaumières et en se signant.

L'essayage.

Je l'imagine. Comme si j'y étais.

J'entre dans une cabine microscopique, j'accroche mon sac à dos à un portemanteau sur lequel rien ne tient, puis ma parka sur le sac à dos et enfin mon pull sur la parka. Tout dégringole, je grince merde font chier, je remets tout ça en équilibre instable en prenant garde de ne rien effleurer pour pas que ça retombe. Puis je défais ma ceinture, délace mes chaussures, enlève mes chaussures, retire mon pantalon, l'entasse sur l'entassement, fais gaffe à ne pas faire tomber la monnaie des poches, enfile le nouveau pantalon, et ce rideau qui ne descend pas jusqu'en bas...

Alors je pense à l'ourlet. Le vendeur sera à mes pieds. Je ne crois pas avoir de trous aux chaussettes. Et si je pue des pieds ? Je n'ai même pas vérifié avant de partir.

Je fais monter mon pied vers mon nez pour le sentir, imitant la position dite du cobra royal, bien connue des amateurs de yoga. J'entends alors :

— Ça se passe bien en cabine ?

— Très bien ! je fais d'une voix enjouée.

Trop enjouée. L'autre se doute de quelque chose. Il écarte le rideau et me voit en position de yoga en train de me renifler les pieds...

Je sors de la cabine. J'ai l'air ridicule avec ce pantalon qui dépasse de vingt bons centimètres et ces étiquettes qui me battent les fesses. Mais le vendeur fait « Parfait ». Il ne me voit plus. Pour lui je n'appartiens plus au monde des vivants mais à celui des clients. Coûte que coûte, je dois repartir avec un pantalon.

D'autres clients sont là. Vingt centimètres de trop et les étiquettes sur le cul, eux aussi. Sourires de complicité. On se comprend entre ridicules. Ridicules du prêt-à-porter de tous les pays, unissez-vous ! Tous ensemble, ouais ouais ouais ! Le monde sera heureux, camarades, le jour où le dernier vendeur de pantalons aura été pendu avec les tripes du dernier fabricant !

La taille ne va pas, il faut en essayer d'autres. Recommencer toute l'opération. Après avoir fait déballer dix pantalons au vendeur, je n'oserai pas m'en aller sans rien acheter. Je suis humain.

Je partirai avec un truc qui ne me plaît pas et que je ne mettrai jamais. Ça s'est déjà vu, j'ai des preuves. C'est arrivé même à de fortes personnalités comme Charles de Gaulle ou Winston Churchill. Alors moi ?

Voilà. C'est comme ça que ça se passe en général, l'essayage. Mais, la prochaine fois, je ne me ferai pas avoir. J'entre, je prends, je paie et je sors.

Début avril. Je décide d'aller regarder des pantalons. Pas encore d'en acheter, bien sûr que non. Mais de tourner autour, de voir quelle tête ça a un pantalon, de l'apprivoiser.

Fin avril. Je pénètre dans mon premier magasin.

Le vendeur est sur moi. Je sais déjà que j'ai fait une erreur. Jamais je n'aurais dû entrer là-dedans.

— Je peux vous aider ?

— Non merci je jette juste un coup d'œil, je réponds, farouche.

Surtout ne pas croiser son regard. Sinon je suis cuit.

Ce type-là est capable d'annihiler ma volonté d'un seul battement de cils.

— Les nouvelles collections viennent d'arriver, enchaîne-t-il, ignorant ma remarque. Vous avez les pantalons ici, les blousons là, les sweats là-bas, on a aussi de très beaux polos, vous avez vu cette qualité, je vous laisse regarder, si vous voulez un renseignement n'hésitez pas, j'ai d'autres coloris en réserve.

Mais je commets l'erreur de m'approcher un peu trop près des pantalons.

— Vous cherchez un pantalon ? Qu'est-ce qu'il vous faudrait comme pantalon ?

C'est vrai, ça, qu'est-ce qu'il me faudrait comme pantalon ? Je n'y avais pas pensé. Habillé ? Sportswear ? Streetswear ? Jogging ? Coupe Jean's ? Cigarette ? À pinces ? Si oui, combien de pinces ? Quelle couleur ? bleu ? sable ? noir ? délavé ? C'est trop. Trop de questions d'un coup.

Et l'autre, qui a senti la faille : « Vous faites quoi comme taille, monsieur ? » Je proteste mollement : « Non c'était juste pour regarder... »

Mais j'ai déjà le mètre autour des hanches, il m'enlace comme s'il voulait danser avec moi : « Un petit 42, je sais pas s'il m'en reste, des 42, ça part bien en ce moment, ah si, vous avez de la chance, il m'en reste un. »

Me voilà avec un petit 42 sur les bras. « Essayez-le, ça n'engage à rien ! »

Oh que si ça engage ! Ça engage à tout !

Dans un sursaut phénoménal d'énergie, je réussis à bredouiller : « Je... Je vais réfléchir, je repasserai... »

Je sors, hagard, les cheveux collés aux tempes. Ça va, je ne m'en suis pas trop mal sorti. Je n'ai rien essayé. Rien acheté. Je l'ai échappé belle.

Mais je sais bien que ce n'est pas comme ça que je vais rapporter un beau sac à la maison avec un pantalon dedans. Car c'est décidé. Ce soir j'aurai un nouveau pantalon.

Je ne veux plus de vendeur sur le dos. Je suis assez grand pour choisir tout seul.

Direction un grand magasin.

Évidemment, les pantalons sont au troisième étage. Pourquoi, dans les grands magasins tout est toujours au troisième étage ? Et si je laissais tomber ? Je prends quand même l'escalator.

Quand j'arrive, c'est l'abattement.

Des pantalons partout. Devant, derrière, à gauche, à droite. Des milliers de pantalons qui n'attendent que moi. Des pantalons du monde entier ! Comment je vais faire pour en trouver un, là-dedans ? À deux secondes par pantalon, j'estime qu'il me faudrait trente-six heures sans manger pour les passer tous en revue. Je dois donc y aller au pif. Mais alors comment avoir la certitude, une fois que j'en aurai trouvé un qui ne me déplaît pas, qu'il n'y en aurait pas un autre qui m'irait encore mieux dans tous ceux que je n'ai pas regardés ?

De plus, ils sont rangés par marques. Une fois qu'on a fait les pantalons Dior, on croit qu'on a fait tous les pantalons. Non ! Il faut recommencer chez Lanvin ! Et après chez Ungaro ! Et chez Zegna ! Et chez Zilli !

Je ferme les yeux et m'imagine un instant en Corée du Nord.

Pas de magasins. Pas de vendeurs avec le mètre autour du cou. Un seul modèle de pantalon ! Tu entres, tu donnes ton bon pour un pantalon au milicien et trois mois après tu reçois ton pantalon. Le bonheur à l'état pur !

Car dans le fond, je m'en fous, des pantalons. C'est que je ne suis pas un homme du quotidien, moi ! Vous me verriez, si les Allemands revenaient ! Décider quel train faire sauter, aucun problème ! Est-ce qu'on attaque la Kommandantur au risque de faire des otages innocents, avec moi, ça serait réglé en cinq minutes au petit déjeuner ! Et sans cesser de beurrer ma tartine ! Les choix cornéliens, je m'assois dessus ! Je suis fait pour l'exceptionnel, moi, pas pour choisir des pantalons ! Donnez-moi une guerre, que je puisse m'exprimer ! Est-ce que le monde se rend compte de tout ce talent gâché ?

Changement de décor. Musique FM à fond les ballons. Le vendeur est mon copain :

— Je peux t'aider ?

— Non non je regarde...

— Les nouvelles collections viennent juste d'arriver, c'est très tendance, complètement actuel, les couleurs sont très flashy, la coupe très flunchy, très déstructurée, je te laisse regarder.

Encore trois pantalons essayés. Qu'est-ce que je fais là ? J'hésite entre flashy et flunchy. Je m'en sors avec un : « Déjà 19 heures ! J'ai un rendez-vous, je reviendrai plutôt demain ! »

— Pas de problème, fait l'autre qui préférerait sans doute que je revienne plutôt jamais.

Quatrième magasin.

Je suis coincé. Il n'est pas mal, ce pantalon. Je ne peux pas dire qu'il ne me plaît pas. Je ne peux pas dire non plus qu'il me plaît. Mais celui de la première boutique n'était-il pas mieux ? Pourquoi je ne l'ai pas pris ? C'est tout moi, ça. Et maintenant je ne peux plus y retourner, de quoi j'aurais l'air !

Et puis il ne ferait pas un peu ringard, ce pantalon-là ?

— Non, monsieur, il est très mode, c'est la coupe de maintenant, fait le vendeur d'un ton définitif comme s'il n'y avait pas à discuter la coupe de maintenant.

Très mode ? justement, alors, n'est-il pas trop mode ? Et par là même immettable la saison prochaine ?

Tous les vendeurs viennent à la rescousse : « C'est un basique, ça ne se démode pas, vous avez vu ces finitions, sur vous il tombe très bien ! » Ils ont vu à qui ils ont affaire, l'adversaire est coriace il faut s'y mettre à plusieurs.

Comment peuvent-ils être si sûrs d'eux ? Et si justement le basique cessait d'être basique juste quand je décide de l'acheter ? Ça ne m'étonnerait pas qu'ils me fassent le coup, les gars de la mode ! Le Jean's n'était-il pas indémodable ? Le communisme n'était-il pas éternel jusqu'à ce qu'il sombre dans le néant en une seule nuit ?

Je m'en sors avec ma botte secrète : « Le mieux c'est que je revienne avec ma femme. »

Une sacrée trouvaille, la femme ! La femme, la providence de l'acheteur de pantalon.

Je sors piteusement alors que l'autre commence à ranger.

Quelle heure est-il ? Bientôt 19 heures. Heureusement, les magasins vont bientôt fermer, bonne occasion pour ne rien acheter.

Et si j'arrêtais pour aujourd'hui ? Pour une première approche, c'est bien, non ? Et si je revenais demain ? Ou même jamais ? Et si j'attendais les soldes ? Et si je partais loin, dans un pays où l'on vit sans pantalons ?

Non, il me faut boire le calice jusqu'à la lie.

Dans une autre boutique, je suis au bord de l'achat. Heureusement un nouveau problème surgit in extremis : est-ce que ça ira avec ma veste bleue ?

— Ça peut pas mieux aller, c'est un bleu ! fait l'autre croyant triompher.

Justement, est-ce que le bleu va avec le bleu ? Si ce n'est pas la même nuance est-ce que ça ne risque pas de jurer ? Ne vaudrait-il pas mieux quelque chose qui ne soit absolument pas bleu ? Et qu'est-ce que ça veut dire, absolument pas bleu ? Y a-t-il des couleurs plus absolument pas bleues que d'autres ? Par exemple le noir n'est pas bleu. Le rouge non plus. Mais quelle est la moins bleue des deux ?

Pour faire diversion, je pointe un autre modèle :

— Il a l'air pas mal, celui-là.

L'autre me le sort avec cette vélocité propre aux vendeurs :

— Il est beaucoup plus cher, fait-il goguenard, 895 francs.

Est-ce que j'ai une tête à ne pas pouvoir me payer un pantalon à 895 francs ? Y a-t-il des têtes spéciales pour pantalons à 895 francs ? Et si je l'achetais rien que pour lui rabaisser son caquet ?

Quand même, 895 francs... Surtout qu'il a dû coûter 56 francs au fabricant. Fabriqué en Thaïlande par des enfants payés deux francs par jour ! Je lui en fais la remarque.

— Pas chez nous, monsieur, me répond-il, regardez le logo, c'est fabriqué en France...

Je reste sans voix. L'autre poursuit, impitoyable :

— Il n'y a pas de secret, des articles à trois ou quatre cents francs ne peuvent pas être fabriqués ici. Le consommateur veut les prix les plus bas, mais qu'ils ne s'étonnent pas si c'est fabriqué par des enfants !

Le salaud ! Il m'a percé à jour ! Il connaît ma sensibilité à cette question. Il essaie de me coincer. Si je refuse de payer un pantalon 895 francs, je suis complice des esclavagistes ! Comment vais-je m'en tirer ?

Bien, finalement :

— Le mieux serait que je revienne avec ma veste bleue...

Je me retrouve sur le trottoir. Ce soir, j'ai encore gagné. Personne n'a réussi à me vendre un pantalon contre mon gré. Je suis sorti vainqueur de mon duel contre la confection. Je n'ai pas cédé à la loi du marché. Je me redresse. Je suis un homme libre.

Pour combien de temps encore ?

Ce n'est qu'après quinze jours de résistance acharnée que je suis revenu à la maison avec un pantalon.

On a fait comme si de rien n'était. « Fais voir, ouais, pas mal » et on est passé à « T'as vu, ça barde encore en Israël ».

J'en suis resté baba. Voilà tout le cas que l'on fait de mes tourments intérieurs ? Mais c'est aussi bien. C'est mon secret.

Et moi-même, d'ailleurs, le temps faisant son œuvre, je finirai par oublier. Jusqu'à ce qu'un beau jour, on me lâche, mine de rien : « Tu ne crois pas que tu as besoin de chaussures ? »

3

Quand je vois un aveugle, en général, je ne l'aide pas. Ce n'est pas que j'aie quelque chose contre lui. Au contraire.

Prenons celui-là, à l'angle de la rue de Bretagne et du square du Temple. Il attend au feu rouge. Je pourrais l'aborder, mais comment ? D'abord par où l'attraper ? Par la main ? le bras ? l'épaule ? la taille ? la canne ? Faut-il lui demander où il va, ou le faire traverser d'autorité ? Et d'abord est-ce qu'il a envie de traverser ? Peut-être qu'ils en ont marre, les aveugles, qu'on veuille toujours les faire traverser. Et si le mien voulait simplement humer l'air de la rue ? Je m'exposerais à un « Foutez-moi la paix, je ne veux pas traverser, vous ne voyez pas que j'hume ! »

Se faire reprocher de ne pas voir par un aveugle, c'est le bout de la route.

Station Denfert.

En voilà un autre, là, sur le quai. Le métro arrive. Que fais-je ? Je me détourne. Et s'il tombait sur la voie ? Je ne veux pas voir ça.

Je le regarde quand même à la dérobée. Il a mal calculé son coup. Il ne trouve pas la porte. Il se heurte à la paroi du wagon. Tâtonne du bout de sa canne. J'ai un flash : la canne lui échappe des mains, il se baisse pour la rattraper, mais la station est en courbe, coinçage de pied entre le quai et le marchepied, le conducteur ne le voit pas, démarrage train... hachis de non-voyant.

Soit. OK bon d'accord. Je décide de l'aider. Faut-il juste le placer devant la porte et se désintéresser de lui ou le faire entrer dans le wagon ? Et une fois dans le wagon, faut-il le faire asseoir ? Et sur quel siège ? Peut-être qu'il veut choisir, l'aveugle ! Il a ses goûts en matière de sièges ! Toujours le strapontin, près de la porte, il en a marre ! Il veut un vrai siège, comme tout le monde, au centre, déjà difficile d'accès pour un qui voit, alors pour un qui voit pas ! Il faut alors le guider dans l'étroit passage entre les deux blocs de quatre sièges, lui faire faire un quart de tour sur lui-même, puis un pas, stop, un autre quart de tour mais dans l'autre sens, avant de le pousser légèrement pour qu'il s'assoie. C'est qu'il doit aussi avoir une sacrée confiance en un type qu'il ne connaissait même pas il y a une minute, notre malvoyant. Et pour finir, il préférera peut-être le siège en face. Bien sûr, on peut ajouter la satisfaction personnelle de gêner tout le monde, tous ces gens qui ne se dérangent même pas pour un aveugle ; on peut même engueuler un jeune : « Vous pourriez peut-être vous lever ? » Pour une fois qu'on aide un aveugle !

Et une fois qu'il est assis, que faire ? Ne plus s'en occuper ou lui faire la conversation ? Au risque de faire des gaffes en disant le mot voir ? « Vous voyez ce que je veux dire... à première vue... » Et après ? Le raccompagner jusqu'à la sortie ? Et après ? Chez lui ? Lui faire les courses ? Le ménage ? La cuisine ? Le border ? Jusqu'où ça ira, cette histoire ? Il y a bien un moment où il faudra le quitter. Mais plus on restera avec lui, plus ce sera difficile de le trouver, ce moment.

Et si je deviens trop familier ? Et que je lui demande des choses qu'on veut savoir sur les aveugles : qu'est-ce qu'on voit quand on voit pas, est-ce qu'on sait qu'on ne voit rien, pourquoi on s'habille comme ça, plutôt qu'autrement... Est-ce qu'on se souvient de quand on voyait ? Peut-on tomber amoureux sans voir ? Et ça veut dire quoi, rouge ?

Mais il ne veut peut-être pas qu'on lui parle pendant le trajet : il compte les stations. Il n'osera pas me le dire et ne saura plus où il en est. On le retrouvera au terminus de la ligne, complètement paumé après avoir parcouru trente-quatre stations. À cause de moi il aura perdu sa journée, mais je ne le saurai jamais.

Et s'il m'envoie balader ? Peut-être que lui non plus ne veut pas qu'on l'aide. J'aurais l'air malin. Si ça se trouve, tout le monde est au courant, sur le quai. C'est un aveugle familier, il est masseur dans le quartier. Évidemment personne ne me dira rien. Et je m'enfoncerai tout seul. Deviendrai la risée du wagon ! De plus, comme je ne saurai pas m'y prendre, on en conclura que c'est la première fois que j'aide un aveugle. Donc que je me suis désintéressé de tous ceux que j'ai croisés jusqu'ici. À mon âge ! Et on oubliera mon altruisme actuel pour ne plus penser qu'à mon indifférence passée.

Avec les handicapés ce n'est pas mieux.

Z. passe sa vie dans un fauteuil. Pas facile de faire comme si de rien n'était. Où regarder, en lui parlant ? En bas ? Ça prouve bien que j'ai remarqué qu'il était en dessous. Se mettre à genoux ? Ça part d'un bon sentiment, mais ça peut être mal interprété. « Pourquoi tu te baisses, je ne suis pas sourd », dira Z. qui est d'un naturel railleur. Regarder à ma propre hauteur, vers l'horizon, comme s'il avait la même taille ? Et donc ne pas voir qu'il n'y est pas, à ma hauteur ? Donc le nier ? Comme si j'avais honte de le regarder dans les yeux ?

Difficile d'expliquer que je n'avais pas remarqué qu'il était plus petit que moi.

Autre problème : faut-il être exagérément décontracté ? Surtout qu'il fait toujours comme s'il allait très bien, Z. Il a la pêche, une patate d'enfer ! Toujours prêt à raconter une bonne blague à connotation sexuelle ! Mord la vie à pleines dents ! Beaucoup plus que s'il n'était pas handicapé. Fait-il semblant ou pas ? Faut-il lui raconter des aventures, des exploits physiques ? Ou au contraire ne pas en parler, ou les minimiser pour lui permettre d'avoir le beau rôle ? Mais qui sait, peut-être que des exploits minuscules, comme grimper sur une chaise pour changer une ampoule, pourraient le déprimer beaucoup plus que l'évocation d'une escalade des Grandes Jorasses en hivernale ? Et des expressions aussi banales que faire sauter une contredanse, courir les filles ou faire marcher quelqu'un, l'abattre pour la journée.

Les bègues.

Très gênant, un bègue. Il faut toujours faire comme si on découvrait les mots au fur et à mesure qu'ils sortent de sa bouche alors qu'on a compris depuis longtemps. Et lui aussi a compris qu'on a compris. Car la bouche de l'auditeur se tord en un petit rictus involontaire comme pour l'aider à accoucher, une sorte de chausse-pied à mots. Et ça l'angoisse. Donc il bégaie encore plus. Mais il doit aller jusqu'au bout de sa phrase, sinon c'est comme s'il abdiquait devant son bégaiement. Il n'en terminerait jamais aucune ! Peut-être une sur dix, juste des phrases de haut niveau. Ce n'est pas tous les jours, les phrases de haut niveau. Une par an, et encore, les bonnes années. Tous les jours, c'est plutôt des phrases déjà dites par d'autres, des milliers d'autres. Que faire alors ? Regarder ailleurs pour le déstresser ? Il pensera qu'il n'est pas intéressant. Donc davantage de stress.

Au fait, où est-il passé, mon aveugle ? Il n'a pas eu besoin de moi. Il est monté tout seul et voilà plusieurs stations qu'il est déjà descendu. Sans un mot, sans un regard pour moi.

Quelle ingratitude !

Moi qui ai failli l'aider.

4

Jouer au foot, d'accord. Courir derrière le ballon, occuper l'espace, tenter des dribbles, les rater en général, les retenter encore, se faire engueuler parce qu'on joue trop perso, parce qu'on n'a pas vu l'autre, là-bas, qui était démarqué, parce que ses passes sont imprécises, s'attraper parce que, non, il n'y avait pas hors-jeu, incendier les arrières parce qu'ils ne redescendent pas assez vite, agonir les avants parce qu'ils montent trop lentement, lever les bras en l'air en disant « c'est pas moi », faire semblant de se tordre de douleur comme à la télé puis se relever, frais comme un gardon, tout ça serait fort agréable.

Fort agréable.

S'il n'y avait la douche.

Fin de match. On a gagné. J'ai même failli marquer un but. Tous les ingrédients pour chanter *Aï Ouil Seurvaillve.*

Et pourtant.

Depuis cinq minutes, je vois arriver le moment de la douche avec angoisse. Le plaisir de la victoire est même gâché par cette issue fatale.

Impossible de prétexter que j'ai oublié mon savon, une main secourable m'en tendra un tout de suite, c'est la grande fraternité du sport.

Prétendre que je suis pressé ? Hors de question. Personne n'est assez pressé pour faire sauter la douche. Pour tout le monde, c'est le plaisir incontournable d'une fin de match. Un qui n'y va jamais sera vite taxé d'anormal.

En me dirigeant vers le vestiaire, je traîne, regarde la peinture des murs, essaie de trouver des sujets de discussion sans intérêt, mais qui n'ont qu'un but : retarder le moment.

Le moment d'enlever mon slip devant tout le monde.

Chacun se balade nu dans cette atmosphère confinée où se mêlent humidité, transpiration, senteurs de pieds, eaux de toilette plus ou moins bon marché. Personne ne regarde la bite de personne. On rigole fort, on plaisante. On fait comme si de rien n'était.

Comme si personne n'avait de bite.

Évidemment on n'en est plus aux concours de quiques de notre enfance. Les pères de famille peuvent, sans crainte, parader. Ils ont la tranquille assurance de ceux qui n'ont plus rien à prouver. Courte ou longue, fine ou épaisse, ils sont hors concours, ils ont déjà démontré la qualité de leurs fournitures spermatiques.

Mais les autres ! Les jeunes fougueux qui ont tout à prouver ! Les vieux mâles à dos argenté qui revendiquent de beaux restes ! Ceux qui se targuent de succès innombrables ! Des succès avec un appareil si réduit ?

Comment prouver que sous ce membre flaccide se cache un dard de fer ? un mandrin sculpté dans l'airain ? un vrai marteau-piqueur ? un gaspard de légende ? un chpatz fabuleux capable de gaules d'anthologie ?

Gilbert est toujours très à l'aise. Je suis encore en tenue de foot, assis sur mon banc, faisant semblant de chercher des trucs et des machins dans mon sac depuis dix minutes. Il s'approche. Il est là. Il se gratte le dos, s'épouille les poils de la poitrine, sa bistouque se balançant à trente centimètres de mes yeux. Il me parle de CAC 40. Je dis oui, oui et je pense : est-ce qu'elle est plus grosse que la mienne ? Elle a l'air, mais ça ne veut rien dire. Il faut voir ce que ça donne en activité, et on peut avoir des surprises. Je l'ai lu dans des livres de sexologues qui passent à la télé.

— Et toi ?

— Hein ?

— Tes Alcatel, ça donne quoi ?

— Euh, ça va...

Pourquoi c'est moi qu'il a choisi ? Et vas-y, que je m'essuie la poitrine et sous les bras, que je me passe la serviette dans le dos, et entre les jambes. Que je me coiffe. Que je me mette du sent-bon sous les bras. Aucune pudeur.

Je le hais, ce pote.

Yvan est sous la douche. Ça s'entend. Il faut dire que moi, l'eau, c'est un élément auquel je veux bien reconnaître une certaine importance sur notre planète, et c'est pourquoi je la fréquente, mais sans plus. Je l'aborde avec une prudence de chat. D'abord vérifier qu'elle est à la bonne température. Puis je me mouille juste ce qu'il faut pour fairc mousser le savon. Rien de plus. Je n'aime pas l'eau dans les yeux, je la déteste dans les oreilles. Et sur les cheveux, je n'en raffole pas non plus.

Lui, c'est le contraire. Il s'en imbibe. Il s'en inonde. Et sbroutch, et sbroutch. L'eau ne le gêne pas, il ne se pose d'ailleurs pas de questions. Quand il y a de l'eau, on doit s'en mettre partout. C'est son lot, à l'eau. Et il en fait, du bruit ! Avec son nez, avec sa bouche, avec ses mains. Et maintenant les trois ensemble. L'eau dégouline sur son visage, il s'ébroue, et ce ne sont que barrissements, hennissements, gloglottements.

Je le hais également, cet autre pote.

Richard n'est pas à l'aise mais il essaie de. Il a choisi la douche d'angle. Seuls son dos et ses fesses sont visibles. Il a le nez collé dans le mur. On voit bien qu'il veut qu'on ne voie rien. C'est pourquoi il rit plus fort que les autres. Mais il ne perd pas de temps à se savonner. Un coup de flotte. Serviette à portée de main. Essuyage rapide. Puis il remet son slip, accroché au tuyau de la douche. Il avait tout calculé, le lascar ! Je le soupçonne même d'être encore mouillé. Le pauvre, il va rester comme ça encore une heure, avec cette humidité qui traversera le slip et gagnera, lentement mais sûrement, le pantalon de flanelle. Dans la voiture il aura le cul mouillé ; ça fera une auréole sur le siège, mais quelle délivrance quand il arrivera chez lui !

Maintenant qu'il est en slip, comme il se détend ! Il faut le voir s'épanouir ! Comme une rose au soleil ! Un cormoran qui vient de se découvrir des ailes de géant ! Quelle aisance soudaine !

— On a gagné-é-é-é, on a gagné-é-é-é ! chante-t-il à tue-tête, en jetant quand même un coup d'œil rapide, peut-être même inconscient, vers le centre de gravité de ses camarades.

Car maintenant que son slip est enfilé, il est sauvé. Soulagé d'être passé à travers les mailles du filet.

Des jeux innocents sont parfois lancés. On se trouve une victime à moitié consentante, on lui pique son slip, on se le passe comme un ballon de volley, au-dessus de la tête du pauvre type qui essaie de l'attraper en faisant malgré tout bon visage. Quel bon fendage de gueule ! Ça m'arriverait, je les laisserais en plan et je partirais tout de go, mon appareil géniteux à même le falzar, même au risque d'un coinçage poilien dans la fermeture Éclair de la braguette. Il y a aussi de bonnes blagues échangées. Des gens qui, une fois habillés, ressemblent à s'y méprendre à des chirurgiens dentistes ou des architectes DPLG, s'en balancent de poilantes comme celle des deux pédés dans un bois ou celle des deux gouines et du facteur. Puis un petit coup de Kenzo, on remet ses lunettes Cartier à monture en titane (1 990 francs) et son blouson Hugo Boss. On grimpe dans la BM série 5 et c'est un tout autre homme qui arrive au bureau. Difficile de voir dans ce personnage responsable celui qui courait derrière le slip de son copain !

Malheur au réticent, au réservé, au timoré ! À celui qui n'éprouve pas un enthousiasme frénétique à l'idée d'exposer son moi profond devant ses contemporains ! Immédiatement reniflé comme réfractaire à la grande amitié virile, il sera rejeté comme intrus. C'est lui qui fera les frais des jeux innocents !

Un à un, mes camarades s'en vont.

Quant à moi, je suis toujours en train de fouiller dans mon sac.

J'ai fini par trouver une astuce pour la prochaine rencontre.

Cinq minutes avant la fin du match, je simule une entorse. Je me tords de douleur. Ainsi je sors du terrain et je me retrouve seul dans les vestiaires.

Quelle jouissance de pouvoir se savonner en toute quiétude, tout seul, et même de parader devant les murs carrelés de blanc, comme je n'avais jamais osé le faire auparavant. Et dès qu'on entend les hurlements de la meute, on est là, tranquille, le slip en place, en train de remettre son pantalon en sifflotant !

Bien sûr, ne pas oublier de repartir en boitant.

5

C'est signé Madame Alonso. « Meilleurs vœux pour la nouvelle année. »

Depuis quelques jours cette carte inquiétante trône bien en évidence sur la cheminée.

Elle ne s'est pas foulée, Madame Alonso. Pour l'originalité, il y a mieux. Une carte à deux balles avec un Père Noël en relief et de la poussière brillante qui colle aux doigts. Il y a la même au Prisu. Tout est déjà imprimé. Même pas un mot à la main pour la petite touche personnalisée. Elle s'en fiche complètement que notre année soit bonne ou pas. C'est juste une expression menaçante qui, traduite du concierge au français, signifie : « N'oubliez pas mes étrennes. »

C'est vrai qu'avec le nombre d'occupants de l'immeuble, si elle voulait mettre une note personnalisée à chacun, elle y passerait ses journées. Et elle n'a qu'un salaire de gardienne. Attention, il y a des gardiennes très riches ! On le dit ! Si ça se trouve elle a beaucoup plus d'argent de côté que moi. Il y en a qui vivent misérablement dans douze mètres carrés et, à leur mort, on découvre avec stupeur des millions en SICAV. On les prend pour des Thénardier et elles ont un sens du placement à faire pâlir plus d'un gestionnaire professionnel !

Combien...

Ça n'empêche pas La Question de se poser. Encore et toujours : Combien ? Combien ?

Doit-on donner plus si on est proprio ou locataire ? Logiquement, proprio, on est plus riche, on doit donner plus ; d'un autre côté, la concierge respectant spontanément le possédant, il pourra se contenter de moins. C'est le simple locataire qui doit l'amadouer. Le propriétaire en impose ; le locataire est a priori suspect. Suspect d'être jeune, d'avoir des amis, de sortir quand tout le monde rentre et de faire des bruits musicaux étranges.

Or je suis le seul propriétaire qu'elle traite comme un locataire. Considère-t-elle qu'ayant un faciès de locataire, j'en suis automatiquement un ? Ou le fait-elle sciemment pour m'humilier ? Et comment elle le saurait ? Est-elle en liaison satellite avec ma banque ? Connaît-elle tout sur mon crédit ? Sait-elle que je suis à découvert de 12 735 francs ? Ou est-elle copine avec la police, comme dans l'ancien temps où tous les concierges étaient des indics ?

J'ai demandé aux autres habitants mais ils jouent les évasifs : « Faites comme vous le sentez, selon votre cœur, c'est vous qui voyez. » Comme si mon cœur avait quelque chose à voir là-dedans ! Faut-il donc donner plus que les autres pour être mieux vu ? Mais si chacun se croit obligé de donner plus que les autres juste pour être traité pareil, jusqu'où on ira, comme ça ? Pas étonnant qu'elle se retrouve avec des millions en SICAV cachés sous son oreiller !

Et d'ailleurs pourquoi donner ?

Je ne peux pas dire qu'elle ait manifesté une particulière bienveillance à mon égard, qui mériterait le petit plus tant espéré.

Et puis les concierges n'ont pas toujours été blanc bleu pendant la guerre. Certaines n'ont-elles pas dénoncé des juifs et des résistants ? Et ça se pardonnerait comme ça, avec quelques cartes de vœux à deux balles ? Trop facile ! D'accord, ce ne sont pas les mêmes mais comment réagiraient-elles si ça revenait ? Est-ce que c'est inscrit dans le patrimoine génétique de la concierge ? Ça peut se guérir ou c'est sans espoir ?

Et si je donne, qu'est-ce que ça me rapportera de plus ? Montera-t-elle le petit déjeuner ? Astiquera-t-elle plus souvent notre palier que celui des voisins ?

Et si je ne donne pas, y aura-t-il des sanctions ? Lesquelles ? Peut-être qu'elle jettera mon courrier ; ou ne me gratifiera d'aucun bonjour pendant les 365 jours à venir ; ou dira que je n'habite plus ici. Je serai seul, coupé du monde, sans ressources, ne recevant plus rien, ni chèques, ni amis...

J'en suis là de mes réflexions quand : sonnerie angoissante à la porte d'entrée. Une sonnerie est toujours angoissante quand on n'attend personne. Rien à voir avec la sonnerie familière de celui qui remonte avec les commissions, ni avec celle, joyeuse, des copains qui viennent manger, ou celle, langoureuse, de l'amie, riche de promesses amoureuses. Non, là, c'est la sonnerie sèche de l'inconnu. Comme ça ne peut être un noble étranger de passage en plein Paris 75002, c'est donc un voleur. Ou un sondeur. Ou un type qui vend des dessins pour aider les jeunes qui sortent de prison. Un assureur. Un huissier. En tout cas pas un ami.

Je vais pourtant ouvrir, car la parano ambiante, très peu pour moi.

Deux pompiers sont sur le seuil.

J'ai compris.

— C'est pour les calendriers, me fait celui qui semble être le chef du groupe de deux, beaucoup plus souriant que s'il venait pour le boulot.

Pourquoi sont-ils en tenue de pompiers ? Juste pour

me rappeler qu'ils le sont, donc qu'ils ne gagnent pas lourd mais que, malgré tout, pendant que je me prélasse dans mon égoïsme douillet, ils veillent sur moi au péril de leur vie. Et que même quand tout baigne, il y a toujours un feu qui couve quelque part. Peut-être tout près.

Tout ça, juste avec un casque et une veste en cuir. C'est fort.

Mais j'aime les pompiers. On ne peut pas ne pas aimer les pompiers. Quiconque ne les aime pas mérite de rôtir dans les flammes de l'enfer. Avec aucun pompier pour lui filer un coup de main.

C'est pourquoi j'examine avec un intérêt soutenu le calendrier qu'ils me proposent, seule façon que j'ai de manifester mon soutien à cette belle profession.

À chaque mois, sa photo de pompiers : pompiers à l'entraînement, pompiers posant fièrement devant des camions rutilants, pompiers éteignant des feux, pompiers sauvant des enfants, juste pour bien me culpabiliser si d'aventure je n'avais pas l'intention de donner.

« Je reviens ! » Je les laisse dehors et je vais chercher de l'argent.

Ai-je bien fait ? N'est-ce pas un peu humiliant de ne pas les faire entrer ? Ça a un petit côté Ancien Régime : « Attendez, manants, je vais vous chercher quelque aumône. »

Je ne peux pas revenir. Ils entendront mes pas, croiront que j'ai l'argent mais ça sera juste pour leur dire : « Entrez. » Et puis que feraient-ils de plus dans le vestibule ? Rien. Ils resteraient debout, un peu gênés, et même patauds dans leur costume qui ne va pas du tout dans un intérieur non enflammé. À moins que je leur offre un café ? Ils refuseront. S'ils boivent des cafés dans toutes les maisons, ils ne sont pas près de les vendre, leurs calendriers.

Tout en me dirigeant vers mon pantalon, je me

repose encore La Question : Combien ? 50 francs ? Plus ? Moins ? Je mets la main dans ma poche... Catastrophe ! Je n'ai que 12 francs et un ticket de métro ! Je fouille dans tous les tiroirs... Rien ! Pas un sou dans toute la maison ! La honte !

Je dois revenir... Trouver une excuse... À moins d'attendre lâchement qu'ils s'en aillent, sans bouger ? Minable. S'ils ne me voient pas revenir, ils croiront que j'ai eu un malaise et entreront pour me faire du bouche-à-bouche. Normal pour des pompiers.

Je dois donc affronter leurs regards.

— C'est trop bête ! fais-je littéralement hilare, mais figurez-vous qu'il n'y a pas un sou dans toute la maison ! Ma femme est allée faire les courses au supermarché, celui qui est à l'angle, parce qu'il n'y avait plus de...

Pourquoi ai-je besoin de me justifier ? Il n'y a pas d'argent, il n'y a pas d'argent !

— On va repasser, vous inquiétez pas.

Les voilà partis. Ils n'ont pas l'air surpris. On doit leur faire le coup assez souvent. Ont-ils cru à mon histoire ?

En tout cas quand ils reviendront, j'ai intérêt à avoir de l'argent. « Vous inquiétez pas... » C'est quoi ? Une menace ? Faudra-t-il que je leur donne plus que si j'avais donné tout de suite, pour le dérangement ?

Et si je n'ai toujours pas l'argent, y aura-t-il des mesures de rétorsion ? Éteindront-ils moins bien le feu ? Laisseront-ils quelques flammèches à ma charge ?

Et si on donne aux pompiers, pourquoi ne pas donner aux militaires ? C'est vrai, ils pourraient aussi passer avec des calendriers, les militaires ! Défendraient-ils moins bien la patrie si on ne donnait rien ? Repousseraient-ils l'ennemi plus mollement ? S'arrêteraient-ils avant la frontière ?

Une nouvelle sonnerie vient interrompre mes réflexions sur l'art militaire. Cette fois-ci, je regarde par le judas. Nom de Dieu ! On dirait un facteur !

C'est le jour.

Je lui ouvre ? Pas la peine, si c'est pour lui dire que je n'ai pas d'argent. Il repassera.

Les facteurs, ce n'est pas comme les pompiers. Les pompiers vous sauvent la vie mais on peut passer une vie entière sans jamais avoir affaire à eux. Les facteurs ne vous sauvent rien, mais vous les voyez tous les jours. Il convient donc d'être diplomate même si on a des choses à leur reprocher. Ce ne sont plus les facteurs de nos grands-mères. Ils ne montent plus dans les étages, ne font pas de zèle et vous déposent toujours des avis de passage à des heures où, évidemment, il n'y a personne. De plus ils vendent toujours les mêmes calendriers, avec des chatons dans un panier. Mais tout ça, s'ils ne le faisaient plus ?

Il resonne. A-t-il entendu un craquement ? Senti une léger changement de luminosité quand j'ai fait basculer l'opercule du judas ? J'ai la joue collée au bois rugueux mais tiède. Je ne respire plus.

Il s'en va. Faudra-t-il que je reste planté là, au cas où d'autres corporations fort estimables au demeurant, comme les éboueurs, viendraient à passer ?

Inutile. Comme je n'attends personne, si ça sonne, je n'ouvre pas. Tant pis pour le fameux étranger de passage. Et voilà. Je n'étais pas parano, je le deviens. Bravo les pompiers ! Bravo les facteurs !

Dans le salon, je retombe sur la carte de la concierge.

J'ai trouvé ! Et si je remplaçais l'enveloppe par une bonne leçon sur l'exploitation de l'homme par l'homme ? Une leçon qui l'enjoindrait à mener un combat en vue d'obtenir l'ouverture de véritables négociations pour une juste rémunération de son travail ? Et la persuaderait que la pratique des étrennes humilie l'homme et ravale la concierge au rang de la bête ?

Ça, ça serait un coup de maître ! D'une part, ça me ferait économiser une somme dont je ne vois pas nettement à quel travail elle correspond, et d'autre part peut-être deviendrais-je le héros des Concierges. Leur héraut ! Leur Icône ! Leur saint Patron !

Et si elle me répond « Je suis d'accord avec vous sur le principe, mais dans l'immédiat, je dois acheter les dernières Nike à mon fils afin qu'il ne passe pas pour un bouffon en cour de récré », me laisserai-je attendrir ou faudra-t-il que je donne aussi au fiston une leçon sur la tyrannie des marques chez les ados ? En mettant bien l'accent sur les dangers du racket ? Et s'il me répond « Je suis d'accord avec vous sur le principe, mais je préfère courir le risque de me faire racketter plutôt que passer pour un bouffon », faudra-t-il que j'aille aussi faire la leçon au racketteur ? En lui expliquant les bienfaits du dialogue ? Au risque d'un coup de lame ? Tout ça pour économiser environ 300 francs ?

La question mérite d'être posée.

Pour l'heure je bénéficie d'une sorte d'état de grâce. Des sourires en veux-tu en voilà. Je peux lui demander n'importe quoi. Tant que je ne donne rien je suis tranquille. Il convient donc de prolonger cet état le plus longtemps possible. Mais il y a une limite. Je dirais trois semaines.

Après...

Suis-je prêt à accepter de ramper à quatre pattes tout le reste de l'année, en passant devant sa loge ?

L'année prochaine je prends mes vacances d'été en janvier.

6

J'ai cinq codes. De ma carte bleue, de mon portable, du digicode, de l'immeuble, de celui du parking et de l'autoradio. Mon épouse devant Dieu et devant les hommes également. Nous sommes donc à la tête d'un capital de dix codes. Elle ne se mêle pas de mes codes, je ne me mêle pas des siens.

Chacun ses codes.

Grâce à eux je suis tout : un homme responsable, bien intégré à la vie sociale et associative, un homme concerné par les grands problèmes de ce début de millénaire et qui pense à l'avenir que nous réservons à nos enfants.

Sans codes, je ne suis plus rien. Une ombre d'homme. Quasiment une déjection canine.

Il faut donc que je m'en souvienne en permanence.

Comment faire ?

Il y a deux sortes de codes : ceux qu'on vous impose et ceux que vous choisissez.

Un matin, je reçois une lettre énigmatique. Ça vient de la banque. « Voici votre nouveau code. À détruire immédiatement. » Hoho ! Une des feuilles est noircie d'un côté pour qu'on ne puisse pas lire par transparence ; un petit carré de papier est collé dessus. Si on le décolle apparaissent quatre chiffres mystérieux : 9317.

Pourquoi 9317 ? Je n'ai d'affinité particulière avec aucun de ces chiffres ; ils n'évoquent rien pour moi, ni souvenir, ni sentiment plaisant. Pour tout dire je ne les aime pas. Pourquoi ? Sont-ce les chiffres eux-mêmes ? Leur ordre ? Difficile à dire. Un sentiment diffus d'animosité contre eux. Il y a des chiffres qu'on aime, d'autres non. J'aurais donc du mal à les retenir.

Ils pourraient au moins, les gars de la banque, proposer des chiffres ayant un rapport avec le destinataire, ce serait plus convivial : « Pour lui, je vois bien un 13, il est superstitieux. » « Et pour elle qui est enceinte, pourquoi pas du 09 ? » Non. C'est une machine qui choisit, de façon entièrement aléatoire. Rien d'humain là-dedans, même si des hasards heureux peuvent le faire croire.

Comment s'en souvenir ? Il faut utiliser des moyens mnémotechniques, assurent ceux qui assurent toujours tout.

Facile à dire pour 1418 ou 3945, mais 9317 ? En cherchant bien 93, c'est la Terreur, et 17, la révolution bolchevique.

Mais qui sait si j'aurai envie de penser à Robespierre lorsque, trifouillant mon quatrième distributeur de la soirée, une veille de week-end de la Toussaint, en pleine nuit, sous la pluie, ivre peut-être, j'essaierai de retirer quatre malheureux billets de cent ? En sachant que si je rate mon code, je n'aurai plus un rond jusqu'à mardi ? Pas certain. Et si je collais un Post-it « Robespierre » sur ma carte bleue ?

D'accord. Admettons. Je le colle. Trois jours après, je sors ma carte bleue et je vois « Robespierre ». Pourquoi j'ai noté ça, Robespierre... C'est pas une station de métro ? Ce serait donc un rendez-vous ? Sans date, ni heure ? Malin. Dans un sursaut de génie, j'ai un éblouissement : bon sang mais c'est bien sûr ! Qui dit carte dit code ! Ce nom doit donc faire penser à des chiffres ! Mais lesquels ? Il y en a, des chiffres, qui se rapportent à ce brave Maximilien ! Car l'ami Roro, c'est aussi la nuit du 4 août (0408), les massacres de

Septembre (1709). Je pourrais préciser « Robespierre et Lénine ». Mais là, n'importe quel voyou un tant soit peu historien ou fan de Questions pour un Champion pourra déchiffrer ce code bien pauvret.

Essayons autre chose. 9 plus 1 égale 10. 3 plus 2 égale 5. 5, c'est mai. 17 plus 1 égale 18 et 18 à l'envers, ça donne 81. 10 mai 81.

Date facile à retenir pour ceux qui, comme moi, ont cru au socialisme.

Mais pour ceux qui, comme moi aussi, ont été déçus ? C'est maintenant une date qu'ils préfèrent oublier. Brûlant ce qu'ils ont adoré, ils la rayent de la liste des nombres. La niant inconsciemment, ne risquent-ils pas de commettre des erreurs supplémentaires ?

Et puis, difficile de se souvenir qu'il faut ajouter 1 à 9, 2 à 3, 1 à 17 et inverser le nombre ainsi obtenu. Trop compliqué. Pourquoi pas l'inverse ? Il faut alors inventer un second moyen mnémotechnique pour se souvenir du premier moyen mnémotechnique : J'ajoute à cause de l'espoir et j'inverse pour la déception. Ouais. Et puis il faut déjà se souvenir de 3, 2 et 1 qui ne sont même pas dans le code ! Idiot. Autant retenir les bons chiffres directement.

Et si je notais les codes sur mon agenda ? Pas à la rubrique codes, bien sûr, je ne suis pas stupide. À d'autres rubriques, qui n'ont rien à voir avec des codes. Pas con !

Mais comment se souvenir de ces rubriques ? En les codant elles aussi ? Mais où conserver ces nouveaux codes ? Et si je les intégrais par exemple à des téléphones d'amis ? Mais comment me rappeler à quel ami ils sont rangés ? Et que ce numéro de portable que je vois par exemple à Denis n'est que mon code de carte bleue précédé de 064546 pour brouiller les pistes ?

Et que dire des codes que l'on choisit soi-même ? Ça a l'air plus facile mais ce n'est qu'apparence.

Je choisis un code au hasard : je ne le retiendrai pas

mieux qu'un code imposé. Il doit avoir une relation intime avec moi. Ma date de naissance, bien sûr que non, c'est la première chose à laquelle pensera un bandit. Date de naissance à l'envers ? Rajouter des chiffres ? Mais il faut se souvenir desquels. Date de naissance de ma mère ? De mon père ? Ma sœur ?

Et dans tous les cas, comment je saurai qui correspond à quoi ? De quel moyen mnémotechnique user pour me souvenir que ma mère correspond au portable et mon père au digicode ? On peut dire que ma mère m'a porté, donc portable et que mon père est le gardien du foyer, donc digicode... Mais on peut tout aussi bien dire que... ou que...

Le plus simple, je viens de le trouver. Tous mes codes seront dans un livre. Un livre que j'écrirai. Ainsi en cas d'oubli, je sais où les trouver : dans n'importe quelle librairie. J'entre, je dis : « Avez-vous mon livre ? » Évidemment, mieux vaut qu'il ne soit pas épuisé si je dois rentrer chez moi en catastrophe, à la suite d'un accident, par exemple. Et personne ne me soupçonnera d'être assez fou pour donner mes vrais codes à des milliers de lecteurs dont 2,3 % sont – c'est prouvé statistiquement – des escrocs à la carte bancaire.

Bien sûr, mes codes sont codés eux-mêmes. Et les codes de mes codes sont dans un coffre dont le code se trouve dans une consigne dont la clé est chez ma sœur.

Mais quand je dis chez ma sœur, il s'agit bien sûr d'un code.

Pour dire mon frère.

7

Pourquoi les objets sont-ils mes ennemis ? Je décide de vaquer à ma toilette. Calmement, paisiblement. J'ouvre la porte de la salle de bains. Pourquoi, en passant, faut-il que je me prenne le bec-de-cane dans la manche de mon peignoir ? J'étais loin. À un mètre au moins. Que je sache, mes manches ne font pas un mètre, je ne suis pas un lettré chinois. Qu'est-ce qui s'est passé ? Pourquoi ce bec-de-cane s'est-il allongé d'un mètre à mon passage ?

Ça n'a l'air de rien, de se prendre ça dans la manche ? Pas de quoi en faire un plat ? Ça n'a l'air de rien pour celui à qui ça n'est jamais arrivé. Mais celui qui subit quotidiennement ce désagrément me comprendra, lui. Vous ouvrez la porte, vous ne demandez pas grand-chose, vous voulez juste aller au lavabo. Et vous êtes brutalement entravé, empêché d'avancer. Votre bras part en arrière. Vous sentez monter en vous la colère. Vous tirez votre manche avec énervement, au risque de la déchirer. Et ce, avec d'autant plus de force que vous en voulez à cette poignée inerte d'être la cause de cette colère.

Il mesure quoi, ce bec ? Un centimètre de diamètre. Comment fait-il pour se coincer dans ma manche à chaque passage ? Je vise une cible à la foire, j'ai une chance sur dix et lui, sans viser, il tape toujours dans le mille !

Je suis dans le salon. La soirée s'annonce agréable. Des amis sont là, nous nous proposons de deviser gaiement dans un esprit de dialogue et d'ouverture. D'aborder quelques grands problèmes de ce temps entre la cacahuète et la noix de cajou. Je veux m'asseoir dans un fauteuil. Pourquoi, en passant, je me cogne le tibia à l'angle de la table basse ? Quand je dis le tibia, ce n'est pas l'arrière du tibia ; ni le côté du tibia ; non, c'est l'arête du tibia, pile au milieu ! Là où ça fait le plus mal !

Un aveugle ne se cognerait pas. Et moi, qui connais la pièce par cœur, oui.

Pourquoi ?

Scié par une douleur atroce, j'entends toujours quelqu'un dire : « Ouh là, ça fait mal, ça ! » J'ai très envie d'éructer : « Espèce de sale connard, je le sais que ça fait mal, c'est tout ce que tu as trouvé à dire avec ta putain de gueule de lécheur de latrines ? » Mais je ne le fais pas. Je refoule. Ça restera comme une vieille bile, une vieille lie, cette colère rentrée. Première victoire de la table basse.

J'aimerais aussi me venger, d'un solide coup de pied dans la table, en gueulant : « Saloperie de bordel de table ! » Mais elle n'attend que ça, la table. Elle s'en fout du coup de pied, elle n'a pas mal. Par contre, quel gâchis ! Les petites coupelles avec cacahuètes et amandes, le petit bouquet de fleurs séchées amoureusement disposé pour l'arrivée des amis, les bouteilles de Martini ou de chablis, les verres, tous ces petits signes d'amitié... explosés par terre sur le tapis inondé ! L'épouse attentionnée, au lieu de se retourner contre le vrai coupable, la table, s'en prend à moi :

— Complètement malade ! Évidemment, il s'en fout, c'est pas lui qui range, il a sa bonne !

— Oh ta gueule, c'est pas le moment !

Et la bonne soirée qui tourne au règlement de comptes ; les amis atterrés, leur regard qui change. « Tu as vu ça ? – Oui, je ne le connaissais pas comme ça », se diront-ils dans la voiture du retour. Terribles, les commentaires dans la voiture du retour. Ils m'auront découvert égoïste, capricieux et violent. Entre nous rien ne sera jamais plus comme avant.

Belle réussite, beau foutage de merde, pour des objets soi-disant inanimés. Ou je refoule tout et je constipe, ou je ne refoule rien et voilà un couple en danger et de solides amitiés mises à mal.

Quoi que je fasse, je suis perdant. Victoire totale de la table basse.

Je veux revisser le bouchon du tube de dentifrice. Je l'ai fait des milliers de fois, je pourrais le faire dans le noir. Je suis pressé. C'est ce moment que choisit le bouchon pour éviter les rainures de l'embout, s'échapper de mes mains et tomber par terre. Ce ne serait rien, s'il ne faisait que tomber. Je me baisscrais, je le ramasserais et l'incident serait clos. Que fait-il alors, ce rusé bouchon ? Il rebondit sur la pointe de ma chaussure et file direct sous la baignoire. Trajectoire impeccable. Tracée au cordeau. Comme répétée des centaines de fois. Et il ne s'arrête pas au bord de la baignoire. Bien sûr que non ! Il roule dessous et ne stoppe que lorsqu'il butc contre le mur du fond.

« Saloperie de bouchon », je maugrée. C'est exactement ce qu'il attendait. Que je perde mes moyens. Il s'en fout, que je l'insulte le bouchon, il n'a aucun orgueil, c'est ce qui fait sa force. C'est comme la table basse, on ne peut rien contre lui.

Je me mets à quatre pattes, mais il avait prévu ça aussi : mon bras n'est pas assez long. Il n'aurait pas pu glisser sous le petit meuble, non, il choisit la baignoire en toute connaissance de cause.

Je me relève, la manche toute dégueulassée. Le bouchon est toujours au fond.

Que faire ? Si je me mets à plat ventre je serai en retard. Sans compter que c'est toute la veste qui sera salopée.

Si je laisse le tube sans bouchon, il va sécher. On me taxera d'égoïste et de dégoûtant. Et c'est vrai, il n'y a rien de plus dégoûtant qu'un tube de dentifrice sans bouchon. Et on ne manquera pas de porter cette histoire à mon débit, dans les nombreux exemples de machisme avéré, racontés devant copines.

Là encore, quoi que je fasse je suis perdant.

Les tiroirs. Chez moi, les tiroirs ne coincent pas. Sauf quand on veut les ouvrir. Au début, je tire délicatement. Je suis plutôt conciliant. Ça ne vient pas. Je pense que le tiroir est bloqué, j'essaie en biais. Rien. Je tire de plus en plus fort, tout en contrôlant ma puissance de tirage car je sais très bien ce qui va arriver. Mais, j'ai beau le savoir, ça arrive quand même. Perdant patience, je tire de plus en plus fort. Le tiroir finit par céder au moment précis où, emporté par mon élan, je ne peux plus maîtriser ma force. Pourtant il n'est pas spécialiste en mécanique, le tiroir. Comment a-t-il fait pour repérer le moment exact où il devait lâcher ? Car, quand il lâche, il lâche. Il vient d'un coup et tout ce qui était au fond vient brutalement buter sur l'avant. Tout ! Trombones, agrafes, mines de crayon, timbres, gommes, rouleaux de Scotch et Post-its ! Tout ce que j'avais patiemment rangé dans des petites boîtes se retrouve mélangé ! En vrac !

Saisi par la colère je repousse le tiroir en sens inverse. Il se referme, et tout ce qui était entassé sur le devant se retrouve maintenant entassé au fond.

Dans le tiroir, c'est Dresde, Hiroshima et Nagasaki

réunis. La catastrophe de Malpasset multipliée par la tempête de décembre 1999.

Je n'ai plus qu'à tout recommencer.

Pourquoi ? Pourquoi ? Pourquoi ?

De quel péché me suis-je rendu coupable ? Aurais-je commis quelque sacrilège contre la Déesse des Objets ?

Non. Il y a complot. Un complot parfaitement planifié. Pour l'instant je ne peux en dire plus, on me traiterait de parano. Car ils ont des complices partout, même chez les psychiatres.

Mais pas un jour ne se passe sans que je rencontre d'autres victimes : Moi aussi, ça m'est arrivé, moi aussi, ça me fait pareil, ah oui, terrible, le coup du tiroir...

Les femmes pourraient m'aider. Mais je n'ai trouvé en elles aucune alliée ; aucune femme n'est prête à accepter la vérité. Et pourtant ! Cela me fend le cœur, chaque fois que j'en vois une retourner entièrement son sac à main sur une table, à la recherche d'un tube de rouge à lèvres ou d'un Kleenex. Elle est même persuadée que ça fait partie de son charme ! Esclave des objets, elle pense en être la maîtresse. Suprême stratégie, que d'être parvenus à le lui faire croire. « Ils » sont très forts.

Qui sont ces « Ils » ? Qui est le cerveau du complot ? Un humain ? Une entité bionique, mi-homme mi-objet ? Je ne le sais pas encore. Mais j'en connais le but : nous pourrir la vie. Pourquoi, puisque sans nous les objets ne sont rien ?

Le jour où on le découvrira, la dictature des objets touchera à sa fin. Pas trop tôt.

8

— **Pourquoi il m'a dit ça ?**

— Pourquoi qui t'a dit quoi ?

— Thierry. Pourquoi il m'a dit « et à part ça » ?

La jeune femme qui est près de moi dans la Polo Match ABS TDI 16 soupapes lève les yeux au ciel, signifiant : « Toi alors, qu'est-ce que tu vas encore chercher. »

C'est que ce n'était pas un « et à part ça » machinal, un « et à part ça » qu'on dit sans y penser, qui remplace un « et sinon », qui lui-même remplace « quoi de neuf ».

C'était un « et à part ça, ça va ? »

— En tout cas la soirée a été très sympa, me dit celle qui est toujours près de moi, histoire de couper court à mes mises en doute.

— Je ne dis pas que la soirée n'a pas été sympa. Elle a été très sympa jusqu'à la fin. Jusqu'à ce qu'il me dise ça ! Comme s'il voulait me bousiller l'après-soirée !

Elle ne répond pas. Bon. Je n'insiste pas. Mais quand même, il y avait une petite inflexion sur le « va » et un petit temps entre le « ça va » et le « à part ça » un petit temps qui sous-entendait que ça ne devrait pas aller si bien que ça.

Et ce coup d'œil en coin, fugitif, un peu noir, les

sourcils légèrement froncés, comme quand on s'inquiète pour quelqu'un, un malade, par exemple.

Et à part ça, ça va !

À part quoi ?

J'ai bien compris à part quoi : à part la réussite de mon projet ! Comme si ce n'était rien, un succès pareil !

Attention, il ne s'agit pas d'une réussite planétaire, d'un triomphe qui vous éloigne de la communauté des mortels, j'en suis bien conscient. Je ne me prends pas pour la révélation du millénaire. C'est un succès modeste, mais un succès quand même. Et beaucoup s'en contenteraient, parmi ceux qui font la fine bouche !

Voulait-il dire par là que j'aurais des raisons d'aller mal, des raisons ignorées de moi-même, donc graves ?

Est-ce qu'il faisait allusion à ma prise de bec avec Didier ? Pour moi, c'était terminé, juste une engueulade sans conséquences, due à l'énervement. Aurait-elle eu plus d'importance pour lui que je ne le croyais ? En aurait-il parlé à tout le monde sauf à moi ? Notamment à Berriet ? Et je serais le seul à ne pas être au courant ? Faut-il que je l'appelle pour qu'on s'explique ? Et si ce n'est pas ça ? J'imagine la gamelle :

— Didier ? Je voulais m'excuser pour l'autre jour !

— T'excuser de quoi ?

— Tu sais, quand je t'avais dit que tu étais un nul qui cirait les pompes de Santini !

— Ah, ça ? J'avais complètement oublié !

Bien vu. Il avait oublié et moi, je le lui rappelle. Riche idée que j'ai eue.

— Ah bon ? je fais, piteusement.

— Mais pourquoi tu m'en reparles si tard ? Tu as

peur que je dise des trucs dans ton dos ? Si c'est ça, l'opinion que tu as de moi, merci !

Houlà ! Danger ! Je m'enfonce !

— C'est pas ce que je voulais dire...

— Tu m'excuses, j'ai des amis à dîner, on en reparle...

Non seulement il n'y avait pas pensé, mais maintenant que je lui ai mis la puce à l'oreille, il va y réfléchir, se dire que finalement ce n'était pas si anodin, que je prends les choses trop à cœur, que je fais peu de cas des autres et qu'en plus je suis un chieur qui vient l'emmerder le soir quand il fait un break avec des amis !

Quelle erreur j'allais faire !

Tout ça à cause de cette phrase à la con !

À moins qu'il soit jaloux, Thierry. J'ai fait un petit tabac avec mon projet et il est jaloux. Voilà. Pas plus compliqué. C'est vrai qu'il ne m'en a pratiquement pas parlé de la soirée. « Et à part ça, ça va ? » Tout ce qu'il trouve à me dire ! Pour un projet de cette envergure ! Serait-ce pour minimiser un succès auquel il n'a pris aucune part ?

Il veut toujours être plus malin que les autres. Me demander si ça va, comme s'il était le seul à avoir repéré une faille mystérieuse dans l'euphorie ambiante, c'est bien dans sa manière !

Je me souviens de ce fameux dîner avec Marie. Il avait passé son temps à casser Vincent juste parce qu'il voyait bien que plus elle s'en rapprochait, plus elle s'éloignait de lui. Et il n'aime pas ça, qu'on lui échappe. Oh non, il n'aime pas, le Thierry ! Son truc, je l'ai remarqué, c'est de casser quand ça va bien et de remonter quand ça va mal. L'essentiel c'est qu'on soit toujours sous sa coupe. Ce qu'il ne contrôle pas, il le dénigre.

Finalement ce mec n'est pas un véritable ami. Il

devrait se réjouir de mon succès et il en est jaloux. Je ne le voyais pas comme ça. Je suis déçu. Ne serait-il pas un peu pervers, finalement ? Mais je ne peux pas en parler. Pervers ? Un type aussi sympa ?

Ça, pour être sympa, il est sympa ! Il la cultive bien, sa sympathie ! C'est son image de marque ! Son obsession ! Profession ? Sympathique ! On peut même dire qu'il dégouline de sympathie comme un macdo de ketchup !

Mais je l'ai percé à jour. Son but, dans la vie, c'est de dominer ou détruire. Sous couvert d'altruisme bien sûr.

Et à part ça, ça va !

Qu'est-ce que ça veut dire ! Pour qui il se prend ? Comme si, pour lui, le succès était d'une banalité affligeante : « Un succès de plus ? OK, et à part ça, quoi de neuf, qu'on passe à autre chose. » Parce que si on y réfléchit, des succès, il n'en a pas tant que ça. Bizarre pour un type aussi sympa.

Je jette un œil sur le siège passager et lance :

— Je crois que c'est un pervers...

— Qui ça ?

Elle a déjà oublié. À moins qu'elle fasse semblant pour me signifier le peu d'importance qu'elle attache à cette affaire ?

— Thierry...

— Thierry, un pervers ? Mais tu vois des pervers partout ! Un type aussi sympa !

Qu'est-ce que je disais.

À cause de lui, j'ai failli appeler Didier et le perdre définitivement. Après, bien sûr, il m'aurait consolé. Conduite typique de pervers, je l'ai lu dans un Que sais-je sur les pervers. Il paraît qu'il y en a de plus en plus. Ils sont très difficiles à repérer justement grâce à cette aptitude à dissimuler. Et quand on s'aperçoit des ravages qu'ils ont provoqués, il est trop tard. Les démasquer au plus tôt est une question de salubrité publique ! Existe-t-il un Que sais-je « Comment démasquer les pervers dans votre entourage », que je l'achète ? Bien sûr, il ne faut pas s'affoler et voir des pervers partout ; mais peut-être, même au risque d'une erreur judiciaire, vaut-il mieux en voir là où il n'y en a pas plutôt que ne point en voir là où il y en a ? Et tant pis pour les cadavres d'amis sincères sur le bord de la route !

Oh là ! Tout doux. On se calme. Comment je peux dire des choses pareilles ! Allons ! C'est moi qui me monte le cou tout seul ! Elle a raison, je vois des pervers partout ! À ce train-là tout le monde est pervers ! Non... Il s'inquiétait simplement de ma santé.

Et pourquoi ? Est-il au courant pour mes hémorroïdes ? Pourtant je n'avais pas l'air gêné en marchant. À moins qu'il soit ami avec cette proctologue ? Si c'est ça, il y a violation du secret médical. Mais comment savoir ? Je ne peux tout de même pas lui demander. S'il ne le savait pas, ça y est, c'est fait ! J'aurais l'air malin !

Qu'est-ce que je raconte, je dis n'importe quoi. Il a simplement voulu me mettre en garde. Comme un véritable ami. Me faire revenir sur terre. Me dire : « Tu as eu un petit succès, c'est bien, mais que ça ne te détourne pas de l'essentiel. » Je n'ai pas l'habitude du succès. Mais je sais qu'après celui-ci il m'en faudra un autre, et après cet autre, encore un autre, et encore et encore, tous plus successfull que les précédents. Car il y a accoutumance. C'est sans fin. Ne suis-je pas en train de courir derrière des mirages ?

Je regarde sur le siège, à côté. Elle dort. Paisiblement.

Si je fais le bilan de ma vie, ce n'est pas brillant. N'ai-je pas sacrifié l'essentiel ? Et parmi tous ces gens dont je m'entoure, combien de vrais amis ? Pas la peine de compter. Pas un. Tout est bidon. Peut-être Thierry est-il le seul. Et j'allais le perdre.

Pas brillant.

Il a raison.

À part ça, il n'y a aucune raison que ça aille.

9

Je n'aurais pas dû arriver si tôt. L'oreille collée au panneau de chêne de la porte d'entrée, j'écoute attentivement. Rien. Pas de bruit, pas de musique. Il n'y a encore personne. Pourtant, je le savais ! Si j'allais me balader et que je revienne dans une heure ? Vendu. Je fais demi-tour pour redescendre l'escalier.

Quelqu'un monte. C'est un garçon. Il doit aller au même endroit que moi, ça se voit au paquet-cadeau. Et lui aussi a compris où j'allais. On se regarde. Sourires entendus de ceux qui se croisent dans l'escalier avec des paquets-cadeaux, complices d'un anniversaire commun.

Parfois, certains apportent en plus une salade ou une quiche. Ça, c'est les intimes à qui on a pu demander un petit coup de main. Je ne suis donc pas un très intime. Tant mieux, ça m'aurait ennuyé d'avoir à préparer une salade.

— C'est pas ici, Sandrine ? me fait le garçon.

— Si si !

— Vous n'entrez pas ?

Je suis fait.

— Euh... j'ai oublié quelque chose dans ma voiture !

Mon plan est à l'eau, je ne peux plus partir une heure. Le garçon dira qu'il y avait un mec bizarre qui attendait dehors, peut-être m'aura-t-il surpris l'oreille collée à la porte. Il me décrira, Sandrine me reconnaîtra et trouvera mes agissements étranges.

Je dois donc aller jusqu'à ma voiture – qui est très loin – faire semblant d'y chercher quelque chose et revenir. Au bout de trois minutes de marche, je me dis textuellement : « Triple buse ! Tu n'as pas besoin d'aller jusqu'à ta voiture, personne ne sait où elle est ! »

C'est vrai, ça, je peux très bien avoir trouvé une place devant chez Sandrine. Crédible. Personne ne viendra vérifier.

Je fais demi-tour.

Me revoilà sur le palier. Je sonne. Bonjour, bon anniversaire, cadeau, il fallait pas. Défais-toi, je te laisse te déshabiller, tu connais le chemin ? Bien sûr. Sourire de connivence de celui qui est déjà venu.

Nous entrons dans le salon. Trois personnes. C'est tout ? Je suis vraiment arrivé trop tôt.

Mais ça vaut encore mieux qu'arriver le dernier, quand les convives sont chauds, grâce à une douzaine de verres d'avance. Tout le monde se connaît et ceux qui ne se connaissaient pas ont fait connaissance. On débarque, on a l'air du nouveau, de celui qui n'est pas dans le coup. On le regarde en biais : « Regarde celui-là, il ne sait pas s'amuser ! » En un clin d'œil, la nouvelle aura circulé : il y a un nouveau qui ne connaît personne et qui ne sait pas s'amuser.

Parmi les trois personnes présentes, deux filles plutôt moches. En général, l'une d'elles est la meilleure amie qui a aidé à tout préparer. Sandrine me prend par la main : « Tu connais Aurélie, c'est ma meilleure amie. »

Gagné.

— Je te la confie, mais attention, elle est sérieuse !

Les filles aiment bien faire passer leurs copains pour

plus dragueurs qu'ils ne sont. Je démens avec un sourire modeste, ce qui est la meilleure des confirmations.

— Bon, je vous laisse, je suis dans la sangria, c'est la folie, je sais plus comment je m'appelle.

J'aimerais être mis à contribution, ça m'occuperait et surtout ça m'éviterait de parler.

— Je peux t'aider ?

— Non, amuse-toi !

Raté. Je ne suis pas ennemi de l'amusement, mais avec qui ? Aurélie s'approche : « Vous êtes un ami de Sandrine ? » Évidemment, sinon je serais pas là, banane !

J'espère que les filles seront jolies, mais j'ai le pressentiment que non. Au fur et à mesure des arrivées, ça se confirme. Il y a beaucoup de collègues de Sandrine, chercheurs et cheuses comme elle. Tous le même look. C'est normal, les avocats se ressemblent, les médecins aussi, les artistes peintres également ainsi que les commerciaux dans le secteur de la téléphonie, tout comme les bouchers, les architectes d'intérieur (rien à voir avec ceux d'extérieur) ou les traducteurs bilingues. Pourquoi les chercheurs (et cheuses) échapperaient-ils à la règle ?

Ce n'est pas qu'elles soient moches. Cheveux dans les châtain, yeux dans les marron, lunettes à montures Sécu, vêtements style Marks & Spencer, pour ne pas se distinguer du groupe. Ne pas être plus belle que la voisine, telle est la règle d'or. Beaucoup sont probablement seules, elles doivent se faire des soirées entre filles où elles rient fort, plus fort que le comique de la situation ne l'exigerait, avec, au programme, un ciné ou un café-théâtre et, pour finir, l'Hippopotamus avec partage de l'addition.

Rien que des gens que je ne connais pas et qui ont des références communes de travail. Exemple : « Et Berton, tu l'as pas invité ? » Ça déclenche l'hilarité, je ne sais évidemment pas pourquoi. Probable que la présence du nommé Berton serait incongrue, ça rappelle trop le boulot ; c'est sûrement un type coincé, un administratif, peut-être un chef, mais un chef en contact direct avec ses subordonnés, donc pas un grand chef.

Je ris comme tout le monde. J'aurais mieux fait de ne pas. Personne ne s'en serait formalisé. On se serait cru obligés de m'expliquer la raison de l'esclaffement général : « Excuse-nous, on parle boulot, voilà, je t'explique... » Au lieu de cela, on me regarde avec étonnement : « Vous connaissez Berton ? » Je suis bien obligé de reconnaître que non. Je m'embrouille : « J'ai confondu avec Merton, un ami commun... »

— Comment connaissez-vous Sandrine ? me demande-t-on comme si la connaître ailleurs qu'au boulot était anormal, bizarre, saugrenu, inquiétant, comme si on lui découvrait des secrets indicibles dont je ferais partie.

— On s'est rencontrés au tennis.

— Elle fait du tennis ? Elle nous avait caché ça !

Sandrine vient à passer. On l'apostrophe :

— Tu n'avais pas dit que tu faisais du tennis !

— Je vous dis pas tout ! J'ai mon jardin secret !

Vais-je déclencher une émeute ? La révélation dc cette face cachée de la vie de Sandrine entraînera-t-elle un drame ?

Le petit trois pièces commence à se remplir. Je ne connais toujours personne.

Je regarde les gens. Ils n'arrêtent pas de parler. Qu'est-ce qu'ils peuvent bien trouver à se dire ? Ils se sont quittés, pour la plupart vers 18 heures après une semaine de boulot, de cantine et de machine à café en commun, et ils ont encore des trucs à se dire ? Quand on s'approche, c'est moins fabuleux, comme conversation : immobilier, vie à deux, vie à un, baby sitter, horaires qui s'étirent, heures sup qui s'étiolent, enfants qui poussent, éducation qui se déglingue. Décevant, je vous le dis tout net, amis chercheurs ! J'attendais de vous des échanges d'un plus haut niveau !

Ah ! Être le témoin d'une soirée historique ! Assister aux prémices d'une théorie révolutionnaire sur le Big-Bang, ou sur les espaces feuilletés, élaborée entre un verre de sangria et une chips mexicaine ! Comme j'aurais aimé dire : j'y étais !

Je me dirige vers le buffet, histoire de m'empiffrer de taboulé.

— Vous avez l'air de vous ennuyer ? me demande une fille avec des cheveux blonds queue de vache et un chandail moutarde en fil d'Écosse.

J'aurais préféré qu'elle ne s'approche pas, mais c'est comme avec les chats, c'est toujours quand on en a peur qu'ils vous sautent sur les genoux.

— Pas du tout ! C'est très sympa ! Mais je connais pas grand monde et Sandrine est très occupée.

— C'est normal, quand on organise on n'a pas une minute à soi.

— C'est du boulot d'organiser.

— Et puis ça fait des frais.

J'espère que ça ne va pas continuer à ce niveau.

— Vous travaillez avec Sandrine ? je demande, histoire de demander quelque chose alors que je m'en tamponne comme rarement être humain s'est tamponné de quelque chose.

Mal m'en prend. La voilà qui se cramponne à ma question. M'explique tout. Me révèle qu'elle travaille à la gestion des matériels sensibles, m'expose les difficultés de coordonner les contraintes administratives et les besoins des chercheurs, me dit ses espoirs de passer chef du planning et ses craintes de rester à l'échelon 236. Que c'est du boulot mais combien passionnant. Le pourquoi et le comment de la vie d'une gestionnaire de matériels sensibles.

Comment lui échapper sans paraître goujat ? Je viens de dire que je ne connaissais personne. Prétexter une envie pressante ? Lui répondre des insignifiances telles qu'elle se détachera d'elle-même ? Ce serait le mieux. « Il est nul ton copain du tennis », dira-t-elle peut-être à Sandrine. Je ne me formaliserai pas. Elle peut y aller. Pas de problème.

Mais elle s'accroche. J'espère qu'elle n'a pas l'intention de me draguer. Justement Sandrine passe :

— Arrête de draguer, attention je te surveille.

— Mais je drague pas ! fait l'autre, et elle rougit.

C'était donc vrai ! Pourquoi moi ? Et pourquoi elle, surtout ? Et pas, par exemple, cette brune près de la cheminée, plutôt pas mal, qui n'arrête pas de parler mais qui ne m'a pas lancé un seul regard ?

Tiens, elle s'éloigne. Je me vois la suivre. Elle se rend dans la salle de bains. Sort une minuscule trousse de maquillage de son sac, se remet du rouge à lèvres en faisant la grosse bouche. Je ferme le loquet, l'embrasse dans le cou, elle soupire, ses yeux se ferment, on ne voit plus d'eux qu'un épais trait de Mascara (Synthetic Beeswax, PVP, Magnésium albumine silicate, stearid acid, sodium methylparabene, aqua), elle s'assoit sur le lavabo, écarte les jambes, retrousse sa robe, comme c'est beau une femme sur un lavabo, je fais couler de l'eau pour couvrir les bruitages, étreinte, orgasme rapide, au revoir et même pas merci, comme dans les films avec Michael Douglas.

— Vous vous êtes rencontrés comment ?

Je sursaute : « Hein ? » La fille queue de vache est toujours là. Normal, je n'ai pas quitté le buffet.

— Vous étiez ailleurs ?

— Pas du tout, je fais.

Un peu que j'y étais, ailleurs. Loin. Très loin.

Dans une salle de bains de rêve, deuxième porte à gauche.

— Moi aussi, je suis très tête en l'air ! On me dit toujours que je suis très poète !

Elle tient bon, on dirait. Elle a dû être mouche dans une vie antérieure. Elle peut faire de la varappe, elle ne risque pas de tomber. En même temps, j'éprouve de la compassion devant sa ténacité. Aurait-elle l'intention d'aller se remettre du rouge à lèvres dans la salle de bains ?

— Avec Sandrine, vous vous êtes rencontrés comment ?

Décidément ça intrigue. Qu'est-ce que ça peut lui faire ? Je redis au tennis.

— Elle joue au tennis ? Elle m'avait caché ça !

Ça fait du foin, cette histoire de tennis ! D'ici à ce que Sandrine soit convoquée par un aréopage : « Nous tenons de sources sûres que vous vous livrez à des activités tennistiques hors de votre milieu habituel. Inutile de nier. Qu'avez-vous à répondre ? »

La brièveté de ma réponse semble avoir produit son effet. Elle s'éloigne enfin. Bien sûr, m'objectera-t-on, qui suis-je pour estimer n'avoir droit qu'à être entouré exclusivement de jolies filles ? Suis-je moi-même suffisamment joli pour être aussi exigeant ? Certes non, mais heureusement j'ai derrière moi cinq mille ans de civilisation judéo-chrétienne qui compensent l'éventuel manque de joliesse.

Je regarde ma montre. À peine 22 h 30 ! Bon Dieu, ça ne passe pas vite ! C'est vrai que je suis arrivé dans les premiers. Je ne peux décemment pas encore partir. Si ça continue comme ça, bien qu'étant arrivé en avance, je passerai directement au stade trois, celui du type qui ne sait pas s'amuser.

Je me mets à circuler, un verre à la main, pour montrer que je suis parfaitement à l'aise. Plus intégré, on fait pas. Léger sourire plaqué sur la face. Pas trop, il faut que je le tienne au moins une heure. Si je force trop d'entrée, il y a risque de claquage des zygos. Surtout pas que je donne l'impression de m'ennuyer. Passage éclair de Sandrine :

— Tu t'amuses ?

— Impec.

— Tu m'excuses, c'est la folie !

— Pas de problèmes.

Ma marge de manœuvre est étroite. Que faire ? Rester à la même place ? Ça se verra, que je ne parle à personne. Faire des méandres au milieu des convives ? Si on me voit repasser trop souvent au même endroit, toujours avec le même verre, on s'en doutera aussi.

Et si je butinais d'un groupe à l'autre ? Ça fait dilettante, c'est bien. Tiens, ces trois-là, je vais me planter au milieu, histoire de participer. C'est parti ! Mais la conversation se poursuit, comme si je n'étais pas là :

– Je t'ai pas dit ! Je rencontre Giraudet dans l'ascenseur, grand sourire...

– Ah bon ?

Rires. Encore une allusion qui m'échappe. Je me sens de trop. Mais je ne peux plus partir. Ils n'ont pas fait attention à mon arrivée, mais ils remarqueront mon départ. Il faut que j'attende un peu. Et où aller, ensuite ? Vers un autre groupe dont je me sentirai aussi rejeté ?

Finalement, pas bon non plus, le butinage. Ça fait le type qui se dit ce n'est pas intéressant, ici, allons voir ailleurs. Ça risque même de se retourner contre moi. Pour qui il se prend, ce mec ? Je ne voulais pas m'imposer, total, je passerai pour suffisant.

Il y aurait bien le coup du portable. On fait semblant de téléphoner. Ça donne l'air occupé. Bien. Mais ce n'est pas le genre de la soirée. Je passerai pour un bouffon. Et je ne peux pas rester une heure, portable collé à l'oreille ! Et le cancer du cerveau, dis ?

Si j'allais mater les bouquins ? Bonne idée. Après je passerai aux cédés. Puis aux K7 vidéo ! Oh, mais c'est que j'ai du pain sur la planche, moi !

Je m'approche des étagères. Il faut se casser le cou à angle droit, une fois d'un côté, une fois de l'autre, pour lire les titres sur les tranches. Pourquoi ne sont-ils pas tous orientés dans le même sens ? Ça finit par donner le vertige. Et je ne sais pas pourquoi je regarde, il ne doit y avoir que des bouquins de biologie. Ah non ! *Trente jours dans le Pacifique*, d'Antoine, *Ces malades qui nous gouvernent*, suivis de *Ces nouveaux malades qui nous gouvernent*. Ceux-là, ils ont trouvé le filon ! Ils ont pour cent ans de boulot ! Il y a aussi d'énormes bouquins d'art sur Picasso et Matisse, ceux qu'on trouve chez tous les soldeurs, avec l'étiquette 490 francs soldé 150. Des bouquins qu'on n'ouvre jamais. Trop mastars. Il y a sûrement du cadeau d'anniversaire, là-dedans !

J'ai douze ans. Je suis devant la bibliothèque paternelle. Il y avait de grands livres blancs, la collection complète des prix Nobel, que mon père était si fier d'avoir achetée (à crédit, TEG 15,6 %). Ils occupaient trois rangées et personne ne les ouvrait jamais. La prose de Sully Prudhomme ou de Bjornstjerne Bjornson, merci. « Tu aurais mieux fait de m'acheter un manteau de fourrure ! » se plaignait ma mère. Maintenant ces prix Nobel, on les voit dans tous les vide-greniers. Personne n'en veut, pourtant on peut les avoir pour rien. Mais parfois, rien, c'est déjà trop.

Les *Brèves de comptoir* – ça, je l'ai ! –, *Les Nouveaux Milliardaires, Voyage chez les Inuits, Internet pour les Nuls,* Rika Zaraï, le *Quid*, les Mémoires de Lelouch, San-Antonio, Jospin cet inconnu, le Périgord cet autre inconnu, le grand livre de l'astrologie, le

Guide du routard (Californie et Côte ouest), le Goncourt 82, comment améliorer son coup droit avec Yannick Noah (je l'ai, mais avec Agassi), comment maigrir en s'empiffrant, comment se psychanalyser tout seul, comme se faire des amis, à quoi bon l'école et *Pour une vraie politique des transports* de Jean-Claude Gayssot, bref, n'importe quoi. Voyons les cédés. Pas mieux. Et les K7 vidéo ? La série des Bronzés bien sûr, *Seven*, l'inévitable *Festen, Chantons sous la pluie*, la trilogie du *Parrain*, Charlie Chaplin le gentleman vagabond, les inédits de Coluche, les interviews de Raphaël Mezrahi, les animaux de Bouchitey. Comme tout le monde.

Bon. Je ne vais pas non plus rester deux heures à regarder tout ça, le dos tourné à la foule, ça se remarquera aussi.

Finalement, que je fasse quelque chose ou rien, ça ne va pas. On me remarquera de toute façon.

23 h 30 ! Ça se tire. Je vais peut-être pouvoir commencer à envisager la possibilité d'y aller, moi !

Je me dirige vers la chambre à coucher. Toutes les affaires sont entassées sur le lit. Comme je suis arrivé le premier, ma parka est dessous. J'espère avoir bien fermé mes poches. Dans ces soirées, on a vite fait de jeter les fringues des autres n'importe comment. C'est d'ailleurs ce que je suis en train de faire.

— Tu pars déjà ? me fait Sandrine. Ça ne fait que commencer !

— Oui mais je dois me lever tôt. C'était très chouette.

On s'appelle ? On s'appelle, bisous, je t'embrasse fort.

Au moment où je suis sur le seuil, arrive une fille. Cheveux verts en pétard. Les yeux vifs. Un air rigolo.

— Vous partez, déjà ? me demande-t-elle.

— Euh.

A-t-elle perçu le potentiel sensuel qui émanait de notre rencontre ? Mais j'ai déjà la parka sur le dos. Et je me lève tôt, j'ai dit. Si je reste, pourquoi ? Je me suis trompé, je ne me lève pas si tôt que ça ?

Dommage. C'est comme quand on est petit, en vacances. Toujours le dernier jour qu'on se fait des copains.

Je me retrouve sur le trottoir.

Je pense à la fille en pétard. Elle est dans la salle de bains. Elle se remet du rouge à lèvres. Elle a une minuscule trousse de maquillage.

Une soirée parmi d'autres.

10

Parfois ça me prend comme une envie de me gratter. Ça ne peut plus durer comme ça ! C'est le bordel dans mon bureau ! Il y en a marre, de voir ces papiers qui s'entassent sur la belle chaise longue Le Corbusier (copie) ! Personne ne peut s'allonger !

Je ne suis pas certain que quelqu'un aurait envie de le faire si la place était libre, mais il suffit qu'elle ne le soit pas pour qu'on me fasse remarquer que si on le voulait, on ne le pourrait pas.

C'est décidé, aujourd'hui, je range.

Bon.

Attention ! le rangement n'est pas une opération anodine ! Il faut savoir qu'une fois parti, on ne peut plus reculer ! On doit aller jusqu'au bout ! On ne sort pas indemne d'un Grand Rangement ! Des erreurs humaines seront commises ! Des choses importantes jetées par mégarde ! D'autres, que l'on croyait oubliées, resurgiront et nous plongeront dans la dubitativité !

— Je l'avais oubliée, cette photo, mais maintenant que je l'ai retrouvée, qu'en faire ?

— Jette-la !

— Je ne peux plus !

— Tu l'avais oubliée, tu vivais très bien sans !

— Oui, mais maintenant que je sais qu'elle existe, je ne peux plus faire comme si elle n'existait pas !

Peut-être aurais-je besoin d'un accompagnement psychologique ?

Certains bureaux m'inspirent une secrète admiration. Tout est rangé. Classé, ordonné, agencé, structuré. Trois stylos dans un pot, une calculette, une pendulette, un grand agenda, des Post-its et une photo pour la touche personnelle (femme, enfant, c'est selon). Même les papiers qui traînent ont l'air rangés. Une harmonie quasi japonaise. Si je fais la même chose sur mon bureau, c'est le merdier immédiat. Pourquoi ? Parfois aussi, pris d'une subite frénésie, je range tellement que je ne retrouve plus rien. Et le désordre, sans doute vexé d'avoir été contenu un instant, rejaillit, pire encore. Petit, on me disait que c'est mal rangé dans ma chambre parce que c'est mal rangé dans ma tête. Est-ce donc génétique ? Suis-je condamné au désordre perpétuel comme l'ami Sisyphe à trimbaler son rocher ?

Serais-je donc le Sisyphe des temps modernes ?

Avec la sourde intuition de mettre les doigts où il ne faut pas, je m'approche de la pile de papiers.

Il y a bien là six mois de ma vie. Banque, assurance, crédit, impôts, EDF, ordonnances, factures, un livre de véritables recettes provençales, des réclames diverses, une proposition pour un nouveau forfait Itinéris (offre valable jusqu'au 31/12/99, à retourner à votre Service Clients), des lettres, un cédé sans pochette, la Revue du Mutualiste d'octobre 2000, une plaquette de Doliprane sans la boîte, un emballage de Kleenex vide.

Procédons par ordre : le mieux serait de mettre banque avec banque, ordonnances avec ordonnances et ainsi de suite. Puis faire des piles et les ranger dans les dossiers adéquats. C'est parti !

Banque. Mais pourquoi m'envoient-ils autant de paperasse ? Relevé de compte. Codevi. Compte-titres. Compte de liquidation. Avis de cessions de titres. Tout ça pour trois malheureuses SICAV. La largeur de la colonne crédit me laisse songeur. Ma plus grosse rentrée n'en occupe pas le tiers ! Au pif, il faut aller jusqu'à 999 millions pour la remplir.

Il y a sûrement des tas de trucs à jeter, là-dedans. Combien de temps il faut les garder, ces papiers ? Deux ans, cinq ans ? Il faut que je me renseigne. Où ?

Et toutes ces facturettes de carte bleue, cachées dans la pile, qui s'échappent et tombent gracieusement par terre comme des papillons de nuit ! Il faut les vérifier avant de les jeter. Vérifier qu'aucun pirate thaïlandais ne s'est emparé de mon numéro pour le faire circuler dans le monde entier : « Avec lui, vous ne craignez rien, il ne contrôle jamais ses relevés ! » Vérifier qu'aucun ordinateur n'a été acheté à Bangkok et que personne ne se s'est payé un week-end de rêve à 15 000 dollars dans un palace à Hong-Kong sur mon dos.

Vérifier six mois de carte bleue ? Il faudrait d'abord remettre tous les tickets à l'endroit, les défroisser, les classer par dates. Et ceux qui ont disparu ! Non. Je l'ai fait il y a un an, ça m'a pris deux heures. Ce qu'il faut, c'est vérifier tous les mois. C'est ce que je dis tous les mois. D'habitude, je ne le fais pas, mais à partir du mois prochain, je m'y tiendrai. Et ça aussi, je le dis tous les mois.

Et si je décrétais un moratoire sur les vérifications de tickets ? On remet les compteurs à zéro et on commence au prochain relevé. Ça, c'est la solution ! À partir du mois prochain, fini de rigoler, tremblez, pirates sans visages !

Factures d'eau. Je jette quoi, là-dedans ? Quand même, payer pour de l'eau ! Quel scandale ! On devrait se défendre ! Créer des soviets de citoyens contre le racket de l'eau ! Harceler en permanence les compagnies ! Mais comme je ne m'insurge qu'à chaque rangement de factures, Vivendi peut dormir tranquille.

Tiens mon bouquin sur Sacha Guitry, je croyais l'avoir perdu, qu'est-ce qu'il fout là ?

Je commence à feuilleter. « Si ceux qui disent du mal de moi savaient ce que je pense d'eux, ils en diraient bien davantage... » « Le peu que je sais, c'est à mon ignorance que je le dois... » Sacré Sacha !

Stop. Si je continue, c'est foutu ; je suis tout à fait capable de relire entièrement le livre, à moitié debout, je l'ai déjà prouvé. Le soir tombera et je resterai seul dans le noir au milieu de mes factures. Ressaisis-toi !

Impôts. Sur le revenu, taxe foncière, taxe d'habitation, CSG, RDS, avis d'imposition, tiers provisionnel. Là aussi, il y a sûrement des tas de trucs à jeter. Combien de temps ça se garde ? Trois ans, j'ai lu quelque part. Trois ans d'accord, mais trois ans y compris l'année en cours, ou en plus de celle-ci ? Il faut aussi que je me renseigne.

À force de dire il faut que je me renseigne, je m'aperçois que je n'ai encore rien jeté. Si ranger consiste à déplacer les documents d'une pile à l'autre, ça ne sert à rien. Il faut éliminer, et vite !

Oui, mais quoi ? Chaque fois que j'ai voulu me débarrasser d'une chose, j'en ai eu besoin le lendemain. On l'a oubliée et on s'en passe très bien, on la trouve, on la jette, et le lendemain, merde où est passé ce truc ! Et que je fouille la poubelle, tentant fébrilement de reconstituer des puzzles ! Y aurait-il un vaste complot pour me pourrir la vie ? Un complot où seraient de mèche banquiers, pirates de Hong-Kong, employeurs, commerçants, et Sacha Guitry ?

Bon. C'est décidé, je me renseigne. Maintenant. Et pour preuve de ma détermination, j'appelle les impôts.

Malheureux, qu'allais-je faire ! Si je veux détruire des pièces c'est que j'ai quelque chose à cacher, voilà ce qu'ils penseront. Ce sera le signal du déclenchement immédiat d'un contrôle approfondi de ma situation fiscale. En priorité absolue. J'imagine le contrôleur. Sur son écran, mon numéro de téléphone s'affiche. Option Z et il a mon nom. Le chef regarde par-dessus son épaule :

— Ça y est ?

— Oui, chef, il vient de commettre sa première erreur !

— Vous avez carte blanche, Moreau...

Je raccroche le combiné. Je garde tout. On verra plus tard.

Mais alors, que faire des papiers en instance d'élimination ? Très simple : faire un tas spécial « en instance d'élimination ». Ne risque-t-il pas de se retrouver très vite sur la chaise longue et d'attirer, au fil des jours, d'autres papiers, aussi vrai qu'une vieille télé jetée dans un champ le transforme en décharge sauvage en un week-end ?

C'est un risque.

Je le prends.

Continuons. Il faut avancer.

J'en étais où ? Aux impôts.

C'est alors qu'une question me traverse l'esprit : Dois-je faire une seule pile impôts ou plusieurs : impôt sur le revenu, taxe d'habitation, CGS, RDS et j'en passe ?

Regardons dans le classeur. Comment c'était rangé, avant ? Ah ! Ah ! N'importe comment ! Si c'est pour refaire ça, c'est pas la peine. Si je range, je range ! Profitons-en pour tout révolutionner ! Un monde s'achève, un autre commence ! Soyons audacieux ! Il faut repenser de fond en comble mon système de rangement !

Cette attestation d'assurance auto, par exemple, où est-il plus judicieux de la ranger ? Dans auto ou dans assurances ? La question se pose aussi pour les impôts locaux. Vaut-il mieux les mettre dans impôts ou dans maison ?

Dans le premier cas, je groupe tout ce qui est impôts, dans le second, tout ce qui est maison. C'est un choix. Et la facture d'entretien de la chaudière ? Dans factures ? maison ? assurances ? Je ne vais pas faire un dossier spécial chaudière, pour une seule facture !

Je m'aperçois alors que j'ai démarré cette opération dans la plus complète improvisation. On ne range pas comme ça sur un coup de tête, simplement parce qu'on est pris d'une subite pulsion rangeuse !

J'aurais dû acheter des chemises en papier, des dossiers en carton pour y mettre les chemises en papier et des boîtes en plastique pour y mettre les dossiers en carton.

Mais combien ?

Pas trop non plus. Le rangement est un art complexe. Trop de petits dossiers contenant, à la limite, un seul document, cela revient à n'en avoir aucun. Je pourrais aussi bien faire l'inverse et prendre une seule grosse boîte intitulée « divers » et y entasser tous les documents.

Ce serait comme s'ils étaient restés en vrac sur la chaise longue. Sauf qu'ils seraient dans la boîte. Ainsi l'excès de rangement rejoint l'excès de désordre.

Tout ça pour ça.

Le jour baisse. Ce qui n'était qu'un tas de vingt centimètres sur la chaise longue s'est maintenant transformé en vingt tas d'un centimètre qui envahissent tout le parquet.

Je n'aurai jamais fini avant la nuit.

Peut-être ai-je présumé de mes forces en entreprenant ce rangement ?

Que faire de ces tas ?

Tout remettre sur la chaise longue, signe de mon impuissance ?

M'asseoir et pleurer ?

Fuir à l'étranger ?

Et la femme de ma vie qui va sûrement arriver : « C'est maintenant que tu ranges ? »

Quand on range, il y a toujours quelqu'un pour vous dire : « C'est maintenant que tu ranges ? » Ce n'est jamais le bon moment pour ranger. Est-ce une façon de cacher sa mauvaise conscience de n'avoir pas rangé soi-même ou parce que le rangement est réellement une activité contre nature ?

Tiens, qu'est-ce que je retrouve là ? Justement, une chemise « divers ».

J'avais donc déjà une chemise « divers » ! Avant même d'avoir commencé à ranger, je savais qu'il y avait des papiers tellement inrangeables, que je devais en faire une catégorie à part ! Du coup, c'est les seuls qui sont rangés ! Que recèlent ces mystères ? J'ouvre la chemise avec excitation et anxiété, comme un coffre à jouets dans un grenier mystérieux.

Déception. Des papiers divers, mais pas plus divers que ceux que j'ai déjà rangés. Même moins, à la limite.

Une carte postale du Tréport 1999. Des feuilles de paie de 1983. Net à payer 1234,67 francs. On gagnait pas lourd en ce temps-là. Une feuille de cahier déchirée, d'il y a six mois : « Choses à faire. » Tiens qu'est-ce qu'il y avait à faire, il y a six mois ? Réparer la montre, pas fait ; ranger le garage, pas fait non plus ; téléphoner à M. Baudin, urgent... Qui c'est, M. Baudin ? Est-ce toujours urgent de l'appeler ? Sûrement moins, aujourd'hui. Et c'est quoi, cette lettre au papier jauni ? Je lis : « Mademoiselle, je voudrais vous dire que depuis que je vous ai vue, l'autre soir chez Gérard, je ne suis plus bon à rien qu'à vous adorer. Votre charmante image me poursuit jusque dans mon sommeil... »

Je sens un frisson naître dans la partie inférieure de moi-même. Ma première lettre. Je ne savais pas que je l'avais gardée.

Je m'assois sur les impôts. J'appelle, fébrile :

— Chérie, viens voir ce que j'ai trouvé !

Le rangement attendra.

11

Dans le hall de mon immeuble, il y a deux boutons. Un bouton porte et un bouton minuterie. J'appuie sur porte puisqu'il fait jour. Un dzing discret m'informe qu'elle s'est débloquée. Je la tire, pense comme chaque fois « qu'est-ce qu'elle est lourde, cette lourde », et sors.

Me voilà dans la rue.

Je tourne à gauche. Le tag, blasko ou cisko, je n'arrive pas à déchiffrer, est toujours là sur le mur. Bientôt il y en aura d'autres, car qui tague sera tagué. Telle est la loi du tag. Le marchand de couleurs n'a pas bougé non plus, toujours sa promotion sur du papier peint à 350 francs les dix rouleaux, valable jusqu'à épuisement des stocks, avec, en cadeau, une spatule de vingt. Le pressing et la boulangerie sont là également.

J'entrevois furtivement la boulangère derrière son comptoir. Ses lunettes sont toujours retenues par la même chaîne en plastique doré qui commence d'ailleurs à s'écailler. Je la devine en train de dire : « Qu'est-ce qu'il vous faudrait, une baguette, et avec ça, ce sera tout, aaalors quatre trente sur cinquante, quatre cinquante, cinq, dix, quinze, vingt et trente qui font cinquante, merci, ensuite. » Comme elle l'a dit hier et comme elle le dira demain. Bizarre, une vie de boulanger. Il paraît qu'ils sont très riches. Difficile à comprendre qu'on puisse gagner beaucoup d'argent en ne vendant que des choses à trois soixante-quinze ou quatre quarante-cinq.

Soudain, je pile.

Je n'en crois pas mes yeux. Ça alors !

Ils ont changé la pub sur le panneau du chantier ! Ils ont dû le faire durant la nuit. Pour me faire la surprise. Les larmes me viennent aux yeux. Merci, amis afficheurs !

Avant c'était pour un lave-linge, bof, maintenant c'est pour Nomad. Ah oui ! Nettement plus gai.

On voit un jeune qui s'éclate en téléphonant avec son portable. Avant, ça n'allait pas, il avait des boutons plein la gueule et tout était nul, mais maintenant, grâce à Nomad, éclatade totale. Big fendage de gueule. Si vous achetez Nomad, ça sera pareil pour vous, vous aurez plein d'amis ! D'ailleurs une liste d'amis est livrée avec le coffret.

Il y a des trucs écrits en tout petit. J'aime bien lire les trucs écrits en tout petit. « Contrat deux ans minimum... Sous réserve d'acceptation du dossier... Virement automatique obligatoire... Frais de dossier tant... frais de mise en service tant... La société se réserve le droit de... La société ne saurait être tenue pour responsable si... La société peut à tout moment... »

Beaucoup moins sympa que ce qui est écrit en gros. Généralement, ça contredit tout ce qui est sur l'affiche. Tant d'argent dépensé pour être contredit en tout petit, c'est dur.

Le garçon de la Civette est en train de sortir tables et chaises en faisant beaucoup de bruit, pour montrer que ça y est, il est au boulot. Comme tous les gens qui travaillent, il entend le faire savoir haut et fort : je bosse, moi ! Lui seul a un travail sérieux, il a donc le droit de faire du bruit. C'est pas comme les autres. Un tas de fainéants qui attendent la retraite à cinquante-cinq ans, les autres.

Cet homme, je le vois tous les jours et pourtant je ne lui dis pas bonjour. Lui non plus. Si on disait bonjour à tous les gens croisés dans la rue, comme quand on se balade en forêt, on y passerait ses journées. Et bonjour les problèmes de cervicales à soixante ans.

Machinalement, je compte les lignes sur le ciment du trottoir. Si le nombre est pair, le feu sera vert. Il est rouge. J'attends. J'examine la marque du feu, les vis qui retiennent le collier de serrage, ça doit être costaud, ces trucs-là, pour résister aux intempéries, le marquage au sol représentant un vélo sur le couloir à vélo... Les deux SDF dorment dans des cartons devant l'entrée de la BNP. Sont-ce les mêmes qu'hier ? Je n'arrive pas à les reconnaître. Les SDF sont comme les nègres de nos parents. Ils se ressemblent tous. Quand ça ouvrira à 9 h 30, on les sommera de déguerpir. Ils le feront sans rechigner. Résignés. Ils reviendront à 16 h 45. Grâce aux 35 heures ils peuvent s'installer plus tôt. Ils doivent même rester plus longtemps que s'ils travaillaient à la BNP. Par contre, la fille sans âge qui fait la manche devant chez André n'est pas là. Est-ce qu'elle est morte ?

Je traverse enfin, pénètre dans la bouche de métro. Chaque fois, je veux compter les marches, mais chaque fois, j'oublie.

Pourquoi je fais ça ? Si je multiplie leur nombre total par la hauteur d'une marche, environ vingt centimètres, je saurai exactement à quelle profondeur roule le métro.

Et après ?

Rien.

Pendant la descente, je sors mon portefeuille. Le but de l'opération est d'en extraire le ticket de carte orange tout en marchant, afin de l'insérer dans le composteur sans ralentir ma progression, le tout dans un mouvement d'une fluidité extrême.

Ce n'est pas que ce serait un arrêt très long. Mais même pas très long, ce serait un contretemps.

Je ne suis pas pour la routine. Mais si routine il y a, autant qu'elle soit la plus routinière possible. Qu'elle devienne alors comme un cérémonial religieux, auquel on procéderait chaque matin avant d'aller au boulot pour apaiser la colère des dieux.

Mais aujourd'hui, les dieux ne sont pas avec moi. Qu'ai-je fait pour mériter leur courroux ?

Quelque chose accroche dans ma poche. Je suis obligé de m'arrêter pour dégager la carte orange.

Je suis devant les composteurs.

J'entends alors l'arrivée d'une rame.

J'en étais sûr !

Si mon porte-carte n'avait pas accroché, je compostais mon ticket et j'attrapais le dernier wagon dans la foulée. Mais là, non ! Je m'énerve, le ticket se retrouve de travers à l'entrée de la fente, il faut s'y reprendre à deux fois, encore une précieuse seconde perdue. Je dévale les escaliers... il me reste un espoir, un fol espoir. Peut-être est-ce la rame d'en face ?

Hélas, non.

C'est bien la mienne dont je vois disparaître le derrière avec son feu rouge au cul.

Ce n'est pas que je sois en retard ; ni que l'intervalle entre deux passages soit très long ; mais il va me falloir rester quatre longues minutes sur ce quai, dans ce no man's land où rien ne se passe. Quatre minutes de parenthèses.

Je regarde le plan du métro sur le mur incurvé. Concave. Rien n'a changé. Toujours les mêmes stations, le même Paris. C'est normal puisque Paris sera toujours Paris. Ah, quelle joyeuse diversion ç'aurait été, une nouvelle ligne ! Avec une nouvelle couleur et de nouvelles stations ! Avec des noms modernes, Jacques Brel, Georges Brassens, Vélizy II, Chaban-Delmas, Picasso Préfecture, Ravel Centre commercial. Ça en ferait, une belle animation !

Puis mon regard errant pousse jusqu'au règlement intérieur du métro. Ordonnance du 14 janvier 1942. Sous Pétain. D'accord, ils ne faisaient pas que livrer des enfants juifs aux nazis, ils s'occupaient aussi du métro. Mais quand même, Pétain. Chapitre 3, titre 2, alinéa 4 : « Amputés des deux mains. Les amputés des deux mains ont droit à la gratuité totale sur le réseau métropolitain. »

J'imagine les auteurs du règlement. Se marraient-ils en rédigeant cet article ? M'étonnerait. On respectait l'autorité, en ces temps-là. Ils devaient plutôt débattre de questions essentielles : L'amputé des deux mains doit-il montrer sa carte d'amputé pour prouver qu'il est amputé ? Ou ses moignons suffiront ? Et sinon, comment la sortira-t-il de sa poche, sa carte, vu qu'il est amputé ? Et pendant ce temps, c'était Stalingrad.

En face, les immenses panneaux publicitaires vantent les 3J du BHV. Ils étaient déjà là, hier. Des affaires à tous les étages sauf sur les ronds rouges. M'est avis qu'il doit y en avoir un paquet, de ronds rouges.

Tiens ! Une goutte vient de tomber à côté de moi. Je lève les yeux, ah oui, toujours ce salpêtre au plafond, sans doute une infiltration, ils pourraient changer les carreaux, ça fait négligé. Mais ça ne doit pas être évident de grimper là-haut. Et ça ne vaut pas le coup, juste pour deux carreaux. Ils doivent attendre qu'il y en ait plus. Comme ça ils les répareront tous d'un coup. Sûrement. C'est ce que je ferais.

Un groupe de filles papote. Probablement des collègues de bureau qui ont décidé de se retrouver sur le quai. C'est quand même plus agréable de faire le trajet à plusieurs ! La blonde frisottée, je la vois bien à la comptabilité. Doit pas être commode. Doit tout éplucher quand on vient lui refiler ses notes de frais. Comme si c'était son fric.

Le blond est là aussi, assis sur un siège jaune. Lunettes de vue style Ray Ban. Il ressemble à Patrick Henry. Ça fait démodé, maintenant le style Ray Ban. Il lit *L'Équipe*. Depuis le temps que je le vois, j'ai l'impression qu'il m'attend. Si je suis en retard, est-ce qu'il s'inquiète ? Devrais-je m'excuser pour l'angoisse que j'ai pu lui causer ? Il présente bien, il doit être visiteur médical. Pourquoi ? Chais pas. Peut-être parce qu'hier, dans *Envoyé spécial*, il y avait une émission sur les visiteurs médicaux.

Pense-t-il lui aussi que je l'attends ? Un jour je ne viendrai pas. Il se dira : « Ça fait un bout de temps que je l'ai pas vu, le type, il est peut-être mort. » Et il montera dans son wagon.

Le train arrive. Je me place toujours au même endroit, à la hauteur du signal d'alarme. Ainsi quand il s'arrêtera, je serai juste devant une portière. C'est calculé. Je n'ai pas à bouger pour monter.

Aujourd'hui non. Je dois me déplacer d'un mètre.

Ça alors !

Le conducteur a dû stopper trop loin. Était-il ivre ? Pensait-il à autre chose ? À son môme toujours fourré devant sa console ? Au shit qu'il a trouvé dans son cartable ? Comment lui dire qu'il a fouillé ses affaires ? Demain il a intérêt à s'arrêter à la bonne hauteur.

Le blond aux Ray Ban monte aussi. Le métro démarre.

Tout va bien.

Tout est en ordre.

12

J'aime bien recevoir des paquets. Lorsque, dans la boîte aux lettres, je vois l'avis du facteur « Cher ami usager, un paquet vous attend à la poste », l'ennui de devoir faire la queue est largement compensé par l'excitation de recevoir le paquet par le petit tourniquet vitré.

Ce n'est pas tellement pour le paquet. Des paquets j'en ai eu et j'en aurai. Car une fois ouvert, c'est à peine si j'en regarde le contenu. Livre, cassette vidéo, lot de torchons ou nécessaire de jardinage, pour tout dire, je m'en tape.

Une seule chose m'intéresse.

Le truc à bulles.

Je veux parler, bien sûr, du film plastique recouvert de bulles, qui protège des chocs.

S'il n'y en a pas, la déception se lit sur mon visage. S'il y en a, j'essaie de ne pas montrer mon excitation. Je reste impassible, tel le hibou. Je ne saute pas tout de suite sur le truc à bulles. Non.

Je le mets là, dans un coin. Comme s'il était à jeter. Sauf qu'il ne l'est pas. Les consignes à mon entourage sont fermes et ne souffrent aucune exception : interdiction de jeter le truc à bulles.

Si je regarde la télé, je m'en empare distraitement. Mine de rien, presque par hasard, style « tiens, que fait ce truc entre mes mains ? » D'autres se bourrent de cacahuètes ? Moi, c'est le truc à bulles.

Et ça commence.

Je fais péter les bulles.

Ploc, ploc, ploc...

Quiconque n'a connu le plaisir de la bulle qui claque sous les doigts ne peut me jeter la première pierre.

Une bulle éclatée, on ne s'arrête pas, on n'a pas le temps de jouir du petit ploc, il faut passer à la suivante, puis à la suivante. C'est dans le nombre qu'on trouve le plaisir. C'est sans fin.

Des amis arrivent. Je vois immédiatement que le truc est dans les parages, chiffonné derrière le canapé. Il a l'air inoffensif d'un doudou d'enfant, mais danger. Surtout ne pas s'en saisir.

Comment ça, danger ?

Je peux tout de même me faire une ou deux bulles tout en discutant avec mes amis ! Je suis un grand garçon, j'ai de la volonté, je ne suis pas esclave de ce machin ! Je peux le reposer quand je le veux !

Il est entre mes mains.

Trop tard.

Ploc, ploc, ploc...

J'essaie de m'intéresser à la conversation, mais je suis tout entier sous mes doigts, entre mon pouce et mon index.

J'entends qu'on parle d'enfants, d'éducation, de pollution, d'Alain et Catherine qui divorcent, de situation au Proche-Orient, de crise, de chute du CAC 40, je fais oui, oui... Je suis ailleurs, loin, très loin, dans des contrées inexplorées.

Ploc, ploc, ploc...

Plic ! !... tiens celle-là a foiré ! Mauvais gonflage ? Il faudra le signaler à la direction. Il y a du laisser-aller dans la fabrication. Mais ce n'est pas grave, il y a en une autre à côté, et une autre. Que dis-je, une autre !

Des centaines d'autres ! Des milliers peut-être ! J'en ai pour des heures si on ne me dérange pas ! Que personne ne vienne se mettre entre moi et mon plaisir ! Laissez-moi m'abandonner au délice du claquage !

— Alors ?

Je sursaute :

— Hein ?

— Qu'est-ce que tu en penses ?

J'ai complètement largué la conversation. Je ne sais pas où ils en sont. Au Proche-Orient ou à Alain et Catherine ?

— Ça devrait s'arranger, je fais sans me mouiller.

— Tu arrêtes, avec ce truc ! s'énerve la femme de ma vie.

J'ai dû faire une mauvaise réponse.

— Oui, oui ! Tu as raison, c'est nul, je bredouille penaud en rejetant la feuille loin de moi.

— C'est vrai que c'est énervant, ajoute un des amis. On commence, on peut plus s'arrêter !

— Pareil pour moi ! renchérit un autre ami.

— Moi aussi ! C'est totalement nul ! conclut un troisième.

Je n'en crois pas mes oreilles. Eux aussi, et ils ne disaient rien ? Nous sommes donc tous frères ? Frères de la Grande Confrérie des Claqueurs de Bulles ! Je ne suis pas seul ! Il faut voir le sourire imperceptible de ceux qui se sont reconnus. Aucun mot n'est échangé, c'est au-delà des mots. Juste un hochement de tête. Peut-être un léger sourire de connivence signifiant : « Ah, toi aussi. »

Mais avoir reconnu des camarades, des compagnons, des complices, cela sonne aussi comme un encouragement.

Je regarde la feuille. Encore une petite dernière ? Allez, encore une.

Mais ce n'est jamais une petite dernière. Car après

la petite dernière, vient une autre petite dernière. Et encore une autre petite dernière !

On ne s'arrête que lorsqu'on arrive au bout de la feuille.

On laisse encore un peu traîner les doigts, machinalement, à la recherche de bulles oubliées ; alors on se détend, les pieds en avant. La respiration se fait plus profonde. On est heureux.

Jusqu'au prochain paquet.

Certains plient des papiers, font des cocottes, des bateaux, des avions. D'autres dessinent des formes géométriques, des visages, des chiffres, répétés à l'infini. Eux ne se cachent pas. On en voit même dans les conseils de ministres, qui s'en vantent en riant. Combien de décisions capitales pour la nation ont été prises, sous l'empire d'un pliage de cocotte ?

Mais nous, pourquoi sommes-nous rejetés ? Pourquoi devons-nous nous cacher pour pratiquer notre vice dans l'ombre et la honte ? On ne fait rien de mal, c'est un plaisir peu coûteux. Nous ne recyclons que les emballages. Pas de gaspillage, comme chez les gribouilleurs. Combien de forêts abattues pour eux ! Jamais un bullomane n'irait jusqu'à s'en acheter un rouleau pour son usage exclusif ! Le plaisir en serait diminué. Il est dans l'improvisation, l'utilisation contre nature de quelque chose qui n'était pas fait pour ça. Il est dans le détournement.

Le jour viendra-t-il où nous ne nous cacherons plus ?

Une bulle qui éclate, c'est un peu d'oxygène que nous apportons au monde.

Alors que les plieurs de papiers, ils lui apportent quoi, au monde ?

13

16 h 12. Dans une heure quarante-huit il sera 18 heures. Et dans une heure quarante-huit, elle sera devant moi au Balto.

Il s'agit de jouer serré. Tout est une question de stratégie.

Vaut-il mieux arriver en avance ou en retard ? Quand je dis en avance ou en retard, je ne veux pas dire *très* en avance ou *très* en retard. Je veux dire *légèrement* en avance ou *légèrement* en retard. Légèrement en retard, c'est bien. J'arrive, le portable à la main : « Excuse-moi, je suis hyper-booké, c'est de la folie. » C'est même flatteur pour elle, d'avoir obtenu un rendez-vous d'un mec aussi booké.

Des esprits chipoteurs m'objecteront : « Ça veut dire quoi, *légèrement* en retard ? » Cela n'a de sens qu'à la condition qu'elle soit elle-même à l'heure. Car si je suis en retard de trois minutes et elle de quinze ? Ce sera comme si j'étais en avance de douze. Quand elle arrivera, je serai assis. Elle s'excusera, peut-être me fera-t-elle aussi le coup du portable à la main. Je jouerai au détendu : « Ce n'est pas grave, je viens moi-même d'arriver. » Mais elle verra bien, au niveau du liquide dans mon verre, que ça fait bien dix minutes que je suis là. Et de position de force, je passerai à faiblesse. D'où mains moites.

L'idéal serait que j'arrive en même temps qu'elle, mais juste derrière. Elle se retournera, grands yeux, sourire : « Tu es là, moi aussi, quelle coïncidence, c'est un signe », et tout de suite, nous voici liés par une sorte de complicité de bon augure.

Mais comment faire pour arriver juste derrière elle ?

En un éclair la stratégie est établie, les plans dressés, la manœuvre décidée. Il n'y a qu'une solution : se poster dans un bistrot en face du Balto pour la voir arriver.

Et s'il n'y a pas de bistrot ?

Il est donc urgent que j'aille faire des repérages dans le secteur.

Aussitôt dit aussitôt fait, car je ne suis pas homme à tergiverser. Me voici dans le métro.

Huit stations. Cela me laisse amplement le temps de me dire que ce n'est peut-être pas une bonne idée, ce repérage, que j'en fais peut-être trop ; que ce n'est jamais conseillé de trop prévoir. On n'est plus naturel. Et si je perds mes moyens ? Et si j'ai une boule dans la gorge ? Plus de voix ? Mauvaise haleine ? J'aurais dû aller chez le dentiste, me faire blanchir, détartrer, je ne sais pas, tout refaire, peut-être. Et si mes blagues tombent à plat ?

Mais il y a pis. Si on n'a rien à se dire ? On se connaît à peine. J'avais bu, chez Gérard, et elle aussi. Il y avait de l'Afghan qui tournait. J'étais un lion ! Un lynx ! Un sphinx ! Le monde m'appartenait ! Ça devait fuser sec ! Mais qu'en sera-t-il à l'épreuve d'une journée de travail, sous les néons glauques de la rue du Commerce, au milieu des gens qui sortent du Shopi avec des barquettes de filets de dindonneau panés ? La magie retombera-t-elle ? Donc : prévoir quelques anecdotes désopilantes pour meubler. Et si elle ne me plaît plus ? Je ne l'ai vue que dans la pénombre, et dans la pénombre, tout le monde est joli. Et si c'est moi qui ne lui plais plus ? Ça, je le verrai immédiatement à sa façon de regarder ailleurs quand je parle, d'étouffer un bâillement, de jeter un coup d'œil discret à sa montre, de lever les yeux machinalement à chaque nouvelle tête qui se pointe dans le café, une façon de me dire que ma présence visuelle ne suffit pas à la combler. Au lieu d'avoir, dans le cas contraire, les yeux braqués sur moi en buvant mes paroles, riant fort à des plaisanteries même moyennes ou de se renverser la tête en arrière en se passant la main dans les cheveux.

Et mes fringues, ça va ? La veste en lin, ça fait décontracté chic. C'est pas un peu ringard, maintenant, le lin ? Et mon jean noir, il va bien avec ? Pas trop noir ? En tout cas j'ai bien fait de changer de slip. Me suis aussi lavé les parties testiculières. J'ai hésité pourtant. Chaque fois que je me les brique avant une rencontre, je ne m'en sers pas. Mauvais présage ?

Station Félix Faure.

Catastrophe ! Aucun bistrot en face du Balto ! Pourquoi ai-je accepté ce rendez-vous ici, si loin de mon territoire ? Dans un quartier exotique dont je ne connais rien, ni la géographie, ni la topologie, et encore moins la sociologie ?

Que faire ? Je ne vais pas attendre dans la rue. Une demi-heure, derrière une voiture, je vais finir par attirer l'attention.

Regarder la devanture d'un magasin ? Le seul poste de guet possible est une boucherie. Une demi-heure devant une boucherie ?

17 h 15. Ça va, j'ai encore le temps. Pas de panique. Marchons un peu. C'est dans l'adversité, quand les événements lui sont contraires, que l'homme d'action donne sa mesure.

Je ne sais même pas pourquoi je m'excite comme ça. Je ne suis pas amoureux. J'ai juste envie qu'elle le soit de moi. Je m'échauffe tout seul. Ferais-je de l'auto-allumage ? Je ne demande pas grand-chose, juste une petite aventure sans aucun lendemain. Avec juste ce qu'il faut de sentiment mais pas plus. Je suis tout de même un homme marié.

Quand je pense à l'entreprise qui m'attend, j'en suis découragé à l'avance.

Faire semblant de s'intéresser à la conversation alors qu'on n'a qu'une envie : l'allonger sur quelque chose de doux et l'entendre faire oh oui oh oui. Se contrôler pour qu'elle ne s'en aperçoive pas trop, mais un peu quand même. Se demander quand agir. À quel moment lui effleurer les doigts ? Tenter une main sur la main ? Pas trop tôt pour ne pas être trop comme les autres ; pas trop tard pour être quand même un peu comme les autres. Être différent tout en étant pareil. La marge de différence qu'on nous accorde est infime. Et il faut être à l'affût, interpréter tous les signes, comme chez l'aigrette palmée. Si elle se lisse les plumes de la queue et accepte les brindilles du mâle, c'est dans la poche, je l'ai lu dans *Le Monde fascinant des animaux*.

Et elle, se lissera-t-elle les plumes de la queue à mon arrivée ?

Et au resto, quelles brindilles choisira-t-elle ?

Si c'est brindilles foie gras, c'est bon signe. Normalement. Et poireaux vinaigrette, c'est mauvais signe ? Pas forcément. C'est peut-être parce qu'elle se sentira gênée ; ou tout simplement qu'elle ne voudra pas donner l'impression de se faire acheter.

Quelle dépense d'énergie psychique ! Ce serait tellement simple : on se fait implanter une puce, on se croise, s'il y a compatibilité, ça sonne.

Et si elle s'accroche ? Et qu'elle m'appelle sans arrêt sur mon portable ? Je n'oserais plus décrocher lorsque apparaîtra sur l'écran ce message lourd de menaces : « Appel inconnu. » Surtout avec l'être cher à mes côtés. « Allô ? Allô ? » ferais-je alors que la voix s'égosillerait : « C'est Isabelle ! tu m'entends ? » Et moi, faux-cul de première, à l'attention de l'être cher susnommé : « J'entends rien, ça capte pas, y en a marre de ces portables ! C'est tout le temps saturé ! Ils se foutent de notre gueule ! » Mais je serais trop en colère, trop énervé, trop révolté. Trop tout. On finira par se douter de quelque chose.

Malgré toutes les raisons qui s'y opposent, j'ai quand même une boule. Quand il y a boule, il y a boule. Même sans raison.

Si j'allais boire un coup ?

J'entre dans le premier bistrot venu.

— Une côte !

Deux personnes au comptoir. À ma gauche calva, à ma droite kir. Et moi, vieille côte, au milieu. Pourtant ils n'ont pas l'air de se préparer pour un rendez-vous amoureux. Est-ce qu'on va m'assimiler à eux ? « J'ai pas l'habitude », me crois-je obligé de préciser au garçon. Aussitôt, je comprends l'inanité de cette remarque qui ne fait que m'enfoncer ! Et puis, qu'est-ce que j'en ai à fiche, de ce garçon !

17 h 45. La boule s'estompe mais je commence à m'endormir. Nom de Dieu, j'ai bu trop tôt ! Et je vais sentir l'alcool, maintenant ! Des chewing-gums ! Il me faut des chewing-gums ! Mon royaume pour des chewing-gums !

Maintenant je suis presque en retard. C'est malin. Je suis arrivé une heure en avance, pour rien. Je n'ai même pas préparé d'anecdotes amusantes ! Je n'ai fait aucun repérage !

Je cours à la catastrophe.

Tant pis, je n'ai plus qu'à me poster devant le Balto et faire semblant de téléphoner de mon portable pour avoir l'air occupé : « Oui, chais pas, je peux rien te dire pour l'instant, rappelle-moi, il faut qu'on en reparle... »

Une fille entre. Je la vois mal. Est-ce elle ? Je ne sais pas.

Je m'aperçois alors que je ne suis même pas certain de la reconnaître. Bravo ! Et si je me trompe de fille ? « Ce n'est pas avec vous que j'avais rendez-vous ? – Casse-toi, ducon, je connais le coup ! » Quel camouflet ce serait.

J'entre quand même.

14

Ce qui devait être une fête tourne parfois à la tragédie grecque. Au drame humain. La vraie cata.

— Chéri, si on allait au resto, ce soir ?

Excellente idée ! La soirée s'annonçait routinière. Poser des assiettes sur une table, des verres, des couteaux et des fourchettes (surtout ne pas se tromper de côté), le pain, le sel, des choses qui se boivent, et la moutarde, ah oui, ne pas oublier la moutarde ; me faire critiquer (oh, pas méchamment) car comme d'habitude j'ai oublié la moitié des ustensiles ; entendre « s'il faut que je sois tout le temps derrière toi, c'est pas la peine » ; éplucher des machins, les couper en rondelles, les faire cuire à la poêle, à la vapeur, à la cocotte ou à l'étouffée ; une fois le dîner fini, débarrasser la table, tout mettre dans l'évier en disant « terminé, la vaisselle on verra demain », sans faire gaffe qu'en se réveillant, on se dira « c'est dégueulasse, la vaisselle de la veille, pourquoi on l'a pas faite hier ? » Tel était le programme. Pas folichon. Et comme par magie, voici que cette idée salvatrice du restaurant peinturlure de rose cet avenir grisouilleux.

Aussitôt dit, aussitôt fait.

Nous voilà dans la voiture.

— On va où ?

C'est vrai, ça, on va où ?

On a beau chercher, on est brusquement frappés d'amnésie. Effacement du disque dur. Impossible de trouver un seul nom de restaurant dans Paris.

Et moi, de tempêter.

— On est nuls ! On ne sait pas s'organiser ! Si au moins on avait un guide !

Parce que c'est pas ça qui manque, les guides ! Il y en a pléthore ! Guide des restaurants italiens, espagnols, des couscous, des restaurants avec terrasse, des restaurants sans terrasse, des restaurants qui servent après minuit, des restaurants qui servent après minuit avec terrasse, des restaurants qui servent toute la journée sans terrasse, des restaurants à moins de 150 francs, des brunchs, des bars à tapas, des restaurants chinois, éthiopiens, indiens... Et nous, rien. Pas un seul guide dans la boîte à gants. Pourtant, il y en a, des conneries, dans cette boîte à gants, il faudrait la vider, d'ailleurs ! Des cédés qu'on n'écoute jamais, une bouteille de Vittel vide, un plan d'Angoulême... Cela doit cesser. La prochaine fois, c'est décidé, il y aura un guide dans la boîte à gants.

Oui mais cette fois-ci, il n'y en pas, il est huit heures du soir et les librairies sont fermées.

Je note immédiatement dans mon organizer, à la rubrique faire : « Acheter un guide pour la prochaine fois. »

Tiens, mon organizer, justement ! Un truc que j'ai payé 2 390 francs. Ça devrait m'aider à m'organiser, normalement. On peut tout marquer, là-dedans ! Il y a un répertoire sensationnel avec tout plein d'entrées. Je pourrais créer une base de données « spécial restaurants » à entrées multiples personnalisées. Et j'aurais mon guide à moi ! Avec mes trouvailles à moi !

Il me suffirait de cliquer sur « restaurants italiens avec terrasse à moins de 150 francs ouverts après minuit » et aussitôt la liste d'apparaître. Et la compagne lèverait vers moi des yeux humides d'admiration devant un tel homme. Mais en existe-t-il vraiment, de ces gaillards-là, ou n'est-ce qu'un fantasme de propriétaire d'organizer incapable de s'organiser ?

Tout ça pour expliquer que nous atterrissons toujours dans la même brasserie.

Évidemment, on n'a pas réservé et c'est complet. Il faut attendre une demi-heure. On va ailleurs ? On va ailleurs ! Les restos, c'est pas ça qui manque, dans le quartier. Mais c'est complet aussi. Et si on allait là, à côté de celui qui est complet ? Il n'y a personne ? Justement s'il n'y a personne, c'est qu'il ne faut pas y aller. C'est con, on aurait dû attendre dans le premier ! Une demi-heure au bar, c'est rien. Tu bois une coupette et c'est fini. On y retourne ? On y retourne. Maintenant c'est trois quarts d'heure ! On reste ? Ben oui, sinon on va passer la soirée à tourner en rond et quand on finira par trouver une table, on n'aura plus faim. Au passage, petit échange de balles verbales : Avec toi, c'est toujours pareil, ça va être de ma faute maintenant, ben oui tu veux jamais réserver, moi, je veux jamais réserver, c'est toi qui étais pas prête, moi, pas prête, qu'est-ce qu'il faut pas entendre, je préfère pas répondre.

On s'assoit.

Et là, comme par magie, tous les noms de restos reviennent à la mémoire. On aurait dû aller là, tu te souviens, ce petit bistrot dans une péniche, on y était allés avec Christine et Michel ! C'était si romantique ! Ah oui, ou celui-ci, avec ce serveur hallucinant ! Ou là encore, ce couscous d'enfer.

Bon. Pas grave. Je note ces lieux dans mon organizer, inaugurant du même coup ma rubrique restaurants.

La carte.

Je prends une entrée ou pas ? J'ai faim, certes, mais ai-je assez faim pour une entrée ? On prend une entrée et on n'a plus de place pour le plat principal. Ça s'est vu. Ou alors pas d'entrée et un dessert si j'ai encore un petit creux ? Voilà une solution placée sous le signe de l'élémentaire sagesse. Mais il y a un hic : je suis plus salé que sucré. C'est mon droit, non ? Et le hareng pomme à l'huile me tente bien. La soupe à l'oignon aussi. Mais je vais fouetter du bec. Conduite à risque. Je jette un SOS muet en direction de ma compagne d'agapes...

Je rêve ! Elle a déjà refermé la carte ! Est-ce pour me narguer ? Une lecture et hop, c'est fait ! Pas une hésitation ! Pas un revirement ! Elle a exactement apprécié le degré de sa faim présente et à venir, les besoins de son organisme en protéines, lipides, vitamines et j'en passe ! Comment est-ce possible ?

Le garçon est devant moi. Il faut que je me décide, sachant que cette décision, quelle qu'elle soit, je la regretterai dans même pas une minute. Je regarde encore l'épouse, suppliant. Elle ne va pas m'abandonner en cet instant crucial ! C'est tout de même la femme de ma vie !

— Qu'est-ce que je prends ? Une entrée ou un plat direct ?

— C'est toi qui vois !

Merci pour le conseil. Si je demande, c'est justement parce que je ne vois pas.

Le garçon s'impatiente :

— Je vous laisse réfléchir ?

Non ! Surtout pas réfléchir ! Ça sera pire !

Je suis acculé.

Je prends alors une de ces décisions qui comptent dans la vie d'un homme.

Un plat direct.

— Pas d'entrée ? fait le garçon.

Pourquoi il me demande ça ? Juste quand je viens de me décider ! Espère-t-il me faire changer d'avis ?

Me faire prendre une entrée ou un plat plus cher ? Ou au contraire cherche-t-il à me faire passer le message suivant : « As-tu bien réfléchi ? Ne commets point l'irréparable, tu peux encore changer d'avis. »

Certes, je peux changer. Mais je sais que si je prends autre chose je le regretterai aussi. Dès l'arrivée du plat, je me dirai : Pourquoi ne pas avoir pris la même chose que ma compagne ? Ou que le voisin ? Ou que le voisin du voisin ? Ou que tout le monde ? Tout le monde a pris quelque chose de mieux que moi ! Comment ai-je pu choisir le plat le plus immonde de la carte ?

Je m'en tiens donc à mon premier choix et, pour me changer les idées, je vais aux toilettes.

Tiens, une dame pipi, maintenant ! Il n'y en avait pas, la dernière fois. Il va falloir lui donner une pièce. D'où vient que je rechigne à le faire, alors que je m'apprête à dépenser 400 francs pour deux ? Au prix du menu, ils pourraient lui donner un salaire ! Révoltons-nous ! J'ai beau tenter de transformer mon courroux en position politique, je dois le reconnaître : je rechigne.

Je regarde dans sa soucoupe. J'y vois des pièces de deux, cinq et dix francs.

Dix francs pour pisser ? Ça m'étonnerait que les gens donnent tant. Ne les aurait-elle pas mises elle-même pour inciter les pisseurs à l'imiter ? Vieille tactique de dame pipi.

Allez, je lui donnerai deux francs.

Devant l'urinoir, je m'aperçois alors que ma monnaie est restée dans ma veste, sur le dossier de ma chaise.

Que faire ? Sortir en regardant par terre ? Au risque d'entendre un sonore et vengeur « Merci pour le service, Monsieur ! » résonner sur la faïence ? Et ça résonne, la faïence ! Rester dans les WC, en attendant qu'elle termine sa journée ? Mais ça peut prendre des heures. Et on va s'inquiéter, en haut !

Le plus simple serait de lui dire : « Chère madame, je suis désolé, je n'ai pas de monnaie sur moi, je vais en chercher. » Ou, plus cyniquement : « Je trouve scandaleux qu'on vous réduise à mendier. Je ne vous donne rien, mais c'est pour votre bien, pour vous aider à prendre conscience de votre exploitation. »

Ce serait le plus simple. Oui. Mais ce n'est pas ce que je choisis. Tenir tête à une dame pipi n'est pas dans mes cordes.

J'opte pour la fuite pitoyable. À ma grande surprise, je n'entends rien, pas de merci pour le service. Elle doit être habituée. Elle ne proteste même plus. Si ça se trouve, toutes les pièces sont à elle, même les deux francs. Personne ne lui donne jamais rien. J'ai honte. Je vais revenir avec une pièce. C'est ce que je me dis en cet instant. Vais-je le faire ? Franchement, il y a peu de chances.

Retour à ma place.

Le vin est là. Il faut le goûter. Je n'y connais pas grand-chose et je soupçonne le serveur de s'en douter. Mais je dois faire semblant. Je fais tourner le nectar dans le verre, le mire par transparence, le mets en bouche et me rince les gencives avec. Pas la peine d'en faire trop non plus pour un vin à 98 francs. Puis je hoche la tête d'un air surpris et appréciateur comme si j'étais tombé sur la perle rare. Le serveur qui faisait semblant d'être inquiet fait semblant d'être soulagé et sert. Tout le monde a fait semblant. Tout le monde est content.

Arrivée du plat de ma compagne. Exactement ce que j'aurais dû prendre ! Mais il est trop tard, le mien va arriver.

Mais non. Les minutes passent et rien ne vient. M'aurait-on oublié ? On sert des gens à côté, en face, derrière. Des gens qui, j'en suis sûr, sont arrivés bien après nous.

Tout le monde est servi sauf moi.

Dans tous les recoins de la salle, ce ne sont que bruits de fourchettes, tintements de verre et joyeux claquements de mandibules. Tout le monde mange et s'empiffre.

Tout le monde sauf moi.

Serais-je le seul de tout l'établissement à avoir été oublié ?

Il faut que j'appelle le garçon. Le voilà qui arrive dans le secteur. « S'il vous plaît ! » Évidemment, il n'entend pas... Je lève la main, mince, trop tard, il a déjà tourné la tête. Il va revenir. Dès qu'il repasse dans les environs, je hausse le ton.

Ça y est, le revoilà ! Je prends mon courage à deux mains :

— S'il vous plaît !

Vingt paires d'yeux sont sur moi. Tout le monde m'a entendu sauf lui.

Il y a des gens qui font hep et il arrive tout de suite. Moi non, les vingt regards me le font bien sentir. D'où vient cette impuissance à se faire obéir par les garçons de café ? Est-ce un manque de personnalité ?

En regardant les convives, je médite sur l'injustice qui règne entre les hommes.

Il y a des hommes, des vrais, qui savent choisir au restaurant, se faire entendre des garçons de café et tenir tête aux dames pipi.

Je ne suis pas de cette race-là.

J'attends toujours mon plat.

15

Les docteurs ne sont pas méchants. Bien sûr, on a le souvenir de terreurs enfantines, quand ils voulaient nous introduire une languette chromée et glaciale dans la gorge pour mater nos amygdales, que ça donnait envie de vomir et éventuellement empêchait de dormir la nuit précédente, mais c'est bien loin.

Passer vingt minutes dans le cabinet impeccable d'un homme en blouse blanche, un spécialiste avec une tête sérieuse à lunettes, ni trop vieux, ni trop jeune, responsable, dont on se dit que ce type-là comprendra tous nos problèmes, c'est bien.

Ça doit être chouette d'être docteur. On est respecté. On sait des choses mystérieuses que personne ne connaît. On est maître de la vie et de la mort. Les docteurs ont-ils des maladies, eux aussi ? Sont-ce les mêmes que nous, ou des maladies de docteurs, réservées à leur usage exclusif, inaccessibles au vulgum pecus ?

Dans la salle d'attente, on lit quelques vieux *Gala* ou *Match*, sans se rendre compte qu'ils sont de l'année dernière, il y a des mères avec une tripotée d'enfants tout rouges et emmitouflés et puis c'est votre tour.

Vous lui racontez vos problèmes de rhinopharyngite, de brûlures d'estomac, d'insomnies, d'allergies. Les classiques, quoi. Il vous regarde la gorge, mais cette fois-ci, c'est une formalité, ça vous fait même sourire : elle est loin, la terreur enfantine. Puis la tension, pchitt pchitt, 13-7, ça va, auscultation, il tapote sur le ventre avec deux doigts (qu'est-ce qu'il peut bien entendre ?) et pour finir, une belle ordonnance, pas mal de produits avec si possible des cadres rouges ou verts, inscrits au tableau A, ne pas dépasser la dose prescrite, uniquement sur ordonnance. On est content et on s'en va. Rassuré. 115 francs.

Mais aujourd'hui, ça ne rigole plus. Il ne s'agit pas de rhino, ni d'angine, ni d'urticaire. Ni d'allergie aux fraises.

Il s'agit d'hémorroïdes.

Hors de question d'aller chez mon docteur habituel. Secret professionnel d'accord, mais qui me dit que le soir, entre docteurs, une bonne bière aidant, ils ne s'en racontent de bien bonnes ?

– J'ai un patient, il a des hémorroïdes, vous verriez ça, des vrais choux-fleurs ! Je ne peux pas vous dire son nom, mais il habite près de la Bastille !

Et tous de s'esclaffer.

– Je le connais ! Il a aussi une dent qui se déchausse ! fait le dentiste.

– Moi aussi ! Je peux vous dire que ses dents, c'est rien à côté de ses amygdales ! renchérit l'ORL.

Non ! Pas de ça ! Le mieux serait d'aller voir un médecin que je ne connais pas, et que je ne reverrai plus jamais. Oui, mais s'il sait que je ne reviendrai pas, me soignera-t-il aussi bien que celui qui m'aura sur le dos toute l'année ?

Admettons. J'arrive chez un médecin que je ne connais pas. Bon. Qu'est-ce que je lui dis ? Docteur, ça me picote dans l'anus ? Ridicule... Ça me brûle ? Trop dramatique...

Et anus, quel mot affreux ! Je préfère trou du cul, c'est plus franc. Anus, c'est quand on n'ose pas dire trou du cul. Trou du cul, c'est pour tous les jours, anus c'est pour les docteurs. Cela évoque des blouses blanches, une odeur d'éther, des examens, une maladie d'autant plus grave qu'elle est sans symptômes...

Mais je ne peux pas non plus dire « Ça me picote dans le trou du cul », ça évoquerait plutôt un jeu érotique avec plumes. Non, j'ai beau retourner le problème dans tous les sens, anus s'impose chez un médecin.

Et si c'est une femme ? Avouer que j'ai des hémorroïdes à une femme, même inconnue ? Et si c'est une femme jeune, que je risque de croiser dans une discothèque ? « On s'est déjà vus, non ? – Ah oui, les hémorroïdes ! Ça va mieux ? »

Je ne vois qu'une solution : aller dans une ville voisine.

Mais une ville voisine de Paris, suffisamment grande et autonome pour que ses habitants ne s'y rendent que rarement ? Il faut faire au moins cent kilomètres. Ça nous amène à Chartres.

Aller si loin, juste pour des hémorroïdes ? Pas très raisonnable. Je vais me contenter de Paris 15, c'est déjà loin.

Le Minitel. Je clique... Plus de cinquante réponses ! Et uniquement dans l'arrondissement ! Dingue. Y a-t-il assez de malades pour tous ces docteurs ? On a du mal à le croire. Ça doit être la bagarre entre eux. Comment font-ils pour se faire connaître ?

Je cherche à spécialiste... Comment ça s'appelle, déjà ? Ah oui, proctologue. Bizarre, comme spécialité... Comment choisit-on ça ? Par vocation ? Y a-t-il des enfants qui disent « quand je serai grand je serai proctologue » ? Quel genre de personnalité cette spécialité requiert-elle ? Pourrais-je être ami avec un proctologue ? Serrer la main d'un proctologue ? Finalement ce n'est peut-être pas une si bonne idée... De toute façon il n'y en a pas, je vais chercher un généraliste... Je clique sur généralistes... Allez, au pif... Giraud, G... Pourquoi ils ne mettent pas les prénoms ?... Abdelatif A... Ça doit être dur pour lui, avec un nom pareil. Tous les vieux doivent se demander si c'est un bon médecin. Si ça se trouve il est même meilleur que Giraud. Ça l'oblige à l'excellence, juste pour qu'on dise qu'il est bon. J'ai bien envie d'y aller, mais c'est un peu loin... Girolamo Édouard. Édouard, ça fait vieux, c'est bien ça... Trop vieux. Peut-être n'est-il pas au courant des derniers traitements ? À moins que ça revienne à la mode, Édouard ? Alors, il est trop jeune. Et pourquoi Giraud n'a-t-il pas mis son prénom ? Justement parce que c'est une femme ! Non. Giraud, ça fait bon vieux nom bien français. Il y avait peu de femmes médecins, à l'époque. Georges Giraud. C'est bien ça, docteur Georges Giraud, en plus, il y a un métro à côté, c'est vendu.

J'appelle. Une voix féminine me répond, ça doit être la secrétaire. Je n'ose pas lui demander si le docteur est une femme. J'espère que non.

J'arrive là-bas.

« Si vous avez rendez-vous, sonnez et entrez » m'indique une plaque. Comme prévu, salle d'attente pleine de marmots, *Gala*, *Voici*, *Elle*, bref, des magazines qu'on ne lit que chez le docteur.

C'est long. Je tombe sur un article sur les nouvelles pratiques sexuelles des Françaises. Ah ! Ah ! On va en apprendre, des choses ! J'espère qu'on ne va pas m'appeler maintenant, pour une fois qu'il y a un article intéressant.

Ça ne rate pas. Une porte s'ouvre : « Le suivant ? »

À contrecœur, j'abandonne mon journal. Je me lève. Devant moi, une femme. Jeune. Mignonne. Je me rassure. C'est la même voix qu'au téléphone. C'est la secrétaire. Elle me fait entrer dans le cabinet. Fait le tour du bureau et s'assoit à la place du médecin ! Elle est gonflée, quand même, cette secrétaire !

— Je vous écoute...

Aargh ! C'est le docteur. J'espère qu'elle ne sort jamais en discothèque.

Je me racle la gorge.

— Je crois que j'ai des hémorroïdes.

C'est sorti tout seul. Comme ça. Tout simplement.

Je l'observe du coin de l'œil. Aucune réaction. J'aurais dit rhume, ç'aurait été pareil ! Je n'aime pas beaucoup le peu de cas qu'elle fait de mes hémorroïdes. Avec un peu de chance, elle me croira sur parole.

— On va regarder ça...

Aïe.

Sur la table d'examen, il y a une feuille de papier. Je m'allonge dessus. J'espère que ce n'est pas celle du patient précédent. Elle a dû la changer avant mon entrée. Sûrement. J'espère. Je n'ose pas lui demander. Je cherche néanmoins une corbeille à papier, je n'en vois pas, mais ça ne veut rien dire. Non ?

Elle m'intime l'ordre de me retourner. Je dois me mettre à quatre pattes, dans une position dégradante pour la nature humaine, avec mes deux adjoints qui pendouillent, bravo, rien ne me sera épargné ; sans se cacher, elle enfile des gants en latex, pour bien me signifier que mes microbes ne lui inspirent aucune confiance, qu'elle n'envisage pas du tout de les mélanger aux siens, que nos rapports s'arrêteront là. Elle prend un air sérieux et professionnel, je sens ses doigts dans mon trou du cul.

— C'est bien enflammé, ça fait longtemps que vous souffrez ?

— Ben, euh.

Quelle humiliation. En cet instant, je hais mon anus.

— Rhabillez-vous !

Le ton est sec, comminatoire. Se rhabiller, ça veut

dire se retourner ? Affronter son regard ? Lui montrer mon visage juste après mon trou du cul ? Et si dans son cerveau les deux visions se mélangent, ne formant plus qu'une ? Un être hybride, grotesque, monstrueux, mi-homme, mi-cul ? Impossible. Plutôt mourir ! Non, pas se rhabiller ! je veux rester comme ça, à quatre pattes, le nez dans le mur, encore un jour ou deux... Je vais attendre la fin de sa journée de travail et, quand il n'y aura plus personne, je sortirai en rasant les murs...

Puis elle rédige l'ordonnance, et introduit ma carte Vitale dans son lecteur. Elle est moderne, qui plus est tournée vers les besoins du quartier, ça se voit aux affichettes sur le sida et sur la pilule du lendemain à l'intention des adolescentes.

Un instant, je l'imagine abandonner son impassibilité, jeter sa blouse blanche. Est-elle nue, dessous ? Sûrement pas, mais pour moi ce sera oui. Un patient, moi peut-être, avec lequel ils manigancent de faux rendez-vous, se précipite sur elle. Amour torride et surtout muet sur la table d'examen. Il y en a pour dix-huit minutes, durée standard d'une visite. Elle se rhabille et se remaquille en vitesse. « Au revoir monsieur, à la semaine prochaine. » Rien ne transparaît sur son visage, hormis peut-être une légère rougeur sur les pommettes.

Dans sa hâte, elle a oublié de changer le papier de la table d'examen.

Entrer dans la pharmacie. Encore une femme ! Je dois affronter son regard impassible quand elle lit « Crème Proctolog 0,5 % deux applications par jour ». Proctolog ! Ils auraient pu trouver un nom plus poétique : Anusor, Fionax, Culculline...

En tout cas, elle fait comme si de rien n'était. Comme si c'était du Doliprane ! J'en ai marre de tous ces masques impassibles de professionnels de santé sérieux et responsables ! J'aurais préféré un clin d'œil complice. Cet excès d'impassibilité ne cacherait-il pas plutôt la révulsion que j'inspire à tous ces gens ?

Et dans le métro, pourquoi ne me regarde-t-on pas ? Il n'y a qu'une réponse : on sait.

Le téléphone arabe a fonctionné. Je comprends mieux maintenant pourquoi tous ces masques impassibles.

On peut compter sur vous, bande de professionnels !

J'aurais dû aller à Chartres.

16

À la télé, Texas Ranger. Par la fenêtre, rien. C'est dimanche. Il fait gris. Y a-t-il meilleur moment pour monter une armoire en kit ?

On peut chercher, non.

Et de plus, quel plaisir de pouvoir être utile chez soi en bricolant gaiement !

L'armoire se nomme Frögst. Elle est d'origine suédoise, ce qui garantit le sérieux de sa fabrication. L'humour, il n'y en a pas dans les films suédois, j'espère qu'ils n'en mettent pas dans les meubles. Certes, j'ai connu de bonnes parties de rigolades avec des Suédois, mais ce n'est pas leur faire injure que de constater que ce n'est pas leur caractéristique dominante.

On sait que le froid vivifiant du Grand Nord nous assure une ligne épurée, bien que je ne saisisse pas le lien entre ces deux concepts. Quel rapport entre la froidure et l'épuration ? Parce qu'il fait froid, on aurait moins envie de jouer du ciseau à bois, de la gouge ou de la varlope ? Le contraire se défend aussi : les nuits d'hiver sont longues. Pourquoi ne pas les passer à ciseler moulures, rosaces ou corniches ?

Je décrète donc montage immédiat. Je ne suis pas un manche, je m'enorgueillis même de quelques belles réalisations comme l'isolation du grenier et la pose du carrelage mural dans la salle de bains. Ce ne sont pas quatre bouts de planches qui vont me faire peur. En une heure, c'est terminé. Ça sera même plutôt un agréable break.

Aussitôt dit, aussitôt fait. Le carton est à terre au milieu du salon. J'écarte tout ! Tapis, guéridon, fauteuils, table basse ! À moi le cutter ! Faites place, je travaille !

Il faut procéder avec ordre. Sortir les étagères, les vis, les chevilles, les outils, le mode d'emploi.

Très succinct, le mode d'emploi. Une feuille.

Primar instalar del aparcem, ça c'est espagnol, *Yazici kartuçlarin takin*, ça doit être du turc, *Snelle installatie de voor*, hollandais, *Kurzanleitung für Neuestart*, allemand... Énervante, cette manie de mettre toutes les langues sur la même feuille. On a l'impression d'être un pion dans la cohorte des consommateurs mondiaux. Pourraient mettre juste la langue du pays où c'est vendu, ça leur coûterait pas plus cher... Tout ça pour économiser trois francs six sous ! Est-ce qu'ils paient mieux leurs employés ? M'étonnerait.

Enfin, voilà le français : « Per procédurer à le instalacion de el mobilo... » Ça commence bien ! J'ai plutôt intérêt à me fier à mon flair... Pour moi, ça va, mais imaginons une femme seule, sans ami, sans amant pour l'aider ! Sans prétendant qui sauterait sur l'occasion pour se faire bien voir ! Le cauchemar !

C'est quoi, ça, Blörnst ? Ah, c'est les vis !... Vingt-quatre, ils indiquent... Et pourquoi j'en ai trente-six ? J'ai pigé ! Il y a Blörnst et Brüjst ! Blörnst, c'est les vis à tête plate, Brüjst, les têtes rondes ! Il y a vingt-quatre Blörnst et douze Brüjst ! Il faut surtout pas les mélanger. Ah ! Ah ! Ils croyaient me piéger !

Les chevilles, les équerres, les glissières pour les tiroirs, les roulettes...

D'abord positionner la structure... La base, les montants ou Chpöts, et le sommet... Il y a aussi Klömft, c'est-à-dire les étagères. Würts sont des chevilles en bois, Qvirts, des glissières pour les tiroirs. Quant au fond de l'armoire, il répond au doux nom de Plöts.

Mais comment fixer les Chpöts sur la base sans échafaudage ? Sans treuil ? Sans poulie ? Il est bien gentil leur dessin, dessus, c'est déjà monté ! Peut-être allonger le côté par terre et fixer la base dessus, en tapant pour que les chevilles rentrent dans les trous ?

J'en positionne un, je cherche l'autre. Où est-il ? Merde, à l'autre bout de la pièce !... Mais si je lâche le premier Chpöts, tout se casse la gueule... J'aurais dû mettre le second à portée de main... Je vais le bloquer avec la chaise, ça tiendra bien le temps que j'aille chercher l'autre...

Aussitôt dit aussitôt fait... D'un bond je franchis l'espace qui me sépare de l'autre Chpöts, je le saisis et reviens à ma place et positionne le montant.

Mais pourquoi ça ne s'emboîte pas ?

C'est les Würts en bois qui ne sont pas en face des trous.

Nom de Dieu ! Sont même pas foutus de calculer correctement ! Va falloir aller les rendre, je vais perdre l'après-midi.

Soudain le chien fait irruption dans le salon. Qu'est-ce qu'il fout là ? Il va vouloir jouer, renifler les Würts et les Blörnst, les faire rouler sous le buffet ou les emporter dans sa tanière ! D'un regard sévère, je lui signifie que, dès cet instant, je prends un arrêté interdisant l'accès du salon à tout mammifère terrestre, et principalement aux canidés. Dehors, le clebs !

Il me regarde comme s'il ne comprenait rien. Ou plutôt comme s'il comprenait trop bien. Fais l'idiot, va ! Quand tu veux comprendre, tu comprends ! Tu comprends qu'il va y avoir à manger, tu comprends qu'on va sortir, tu sais revenir chez toi depuis des kilomètres, mais pour piger une chose aussi simple que celle-ci : on ne touche pas à des Würts quand un humain est en train de monter une étagère Frögst, tu fais semblant d'être complètement idiot ! Je saurai m'en souvenir.

Il semble impressionné par cette menace de représailles, renifle un peu pour se donner une contenance et sort de la pièce. Je l'ai échappé belle.

Reprenons. Vérifions quand même le schéma de montage. Où est-il passé ? Merde ! J'ai dû le poser quelque part, mais où ? Sûrement dans un endroit où je me suis dit : « Là, il est en sécurité. » Tellement en sécurité que j'ai oublié où.

Ah, je le vois qui dépasse ! Il est dans ma poche ! Mais j'ai les deux mains prises par l'assemblage, je ne peux rien faire, sinon toute ma construction s'écroule.

— Chérie, tu peux venir ? C'est urgent !

La voilà qui arrive. Ça ne loupe pas : « Mais qu'est-ce que tu fais ? »

— Tu vois bien, je monte l'armoire !

— Tu crois que c'est bien le moment ?

— Ça fait quand même trois semaines que ça traîne...

Pourquoi, chaque fois que je veux faire quelque chose, y a-t-il quelqu'un pour me demander si c'est bien le moment ? Tout petit, déjà, ce n'était jamais le moment ! Je voulais m'amuser avec mon Meccano ? À table ! Jouer au Monopoly ? Fais tes devoirs !

Y aurait-il un complot des gens pour m'empêcher d'avoir la moindre initiative ? Pour m'empêcher d'agir ? Je gêne tant de monde, par mes actions, c'est ça ? On veut me bâillonner, me ligoter, me maintenir à l'état de légume ? Quand je suis affalé devant la télé, il n'y a personne pour me dire : « Tu crois que c'est le moment de regarder la télé ? Alors que la vie est si courte ? Alors que tu as tant de projets dont même pas un dixième a reçu un commencement de début d'exécution ? »

Je passe outre :

— Tu peux prendre le mode d'emploi qui est dans ma poche ?

Elle y fourre la main ; commence à s'attarder plus que de raison. Petit gloussement qui dit trop bien ce qu'il veut dire. « J'y arrive pas ! » Elle veut jouer avec mon corps. Franchement ! En plein Frögst !

Elle comprend que tout n'est pas permis dans la vie, se saisit du mode d'emploi et tourne les talons.

— Attention ! je hurle.

Elle s'immobilise :

— Quoi ?

— Tu marches sur mes Blörnst !

— C'est quoi ?

— Les vis !

— Me crie pas dessus ! Je savais pas comment ça s'appelle !

— C'est pas une raison pour marcher dessus !

— Tu crois que c'est un endroit pour mettre des vis ?

— Je rêve ! Je suis en plein boulot, tu regardes pas où tu mets les pieds et c'est de ma faute !

— Tu es de mauvaise foi, je préfère pas discuter !

Avant de quitter la pièce, sur le seuil, elle lâche négligemment :

— Il est à l'envers, ton truc.

— Hein ?

— Le côté noir, c'est pas à l'extérieur ?

Je bredouille :

— Euh... Oui, bien sûr... Je faisais une sorte de schéma directeur pour visualiser... spatialement, je veux dire... maintenant je vais le mettre à l'endroit...

Elle s'en va.

Bien sûr ! Elle a raison ! C'est à l'envers ! C'est pour ça que les picots ne rentraient pas ! J'avais mis ceux d'en dessus en face des trous d'en dessous, alors qu'il fallait les mettre en face des trous d'en dessus et réciproquement... Je fais pivoter la planche... impeccable.

Je cale le panneau avec la chaise, le temps d'aller chercher les Blörnst pour le blocage définitif.

Il m'en faut six, j'espère que le compte y est. Je les ramasse : une, deux, trois quatre, cinq, six, c'est bon... sept ? C'est quoi, ça ? Ça n'a pas une tête de Blörnst... Soudain, j'ai un flash : c'est un Kvist ! Celui que j'avais perdu il y a quinze jours lors du montage de l'armoire à pharmacie ! J'avais dû faire un trou à la perceuse et mettre une vis à moi, une vis de huit qui n'avait rien de suédois ! Et j'avais insulté la fille au téléphone : « Vous êtes des incapables ! Vous pourriez vérifier vos sachets avant de les vendre ! Vous croyez que j'ai que ça à foutre ? Perdre mon temps dans vos magasins à la con ! » Je la rappelle pour lui annoncer la bonne nouvelle ou je laisse tomber ? Je laisse tomber. Inutile de lui rappeler de mauvais souvenirs.

Maintenant les tiroirs. Les étagères. Enfiler le fond dans la rainure, fixer les côtés, puis les Qvirts pour faire coulisser les tiroirs, un jeu d'enfant, pour un gaillard comme moi qui a déjà, je le rappelle, une isolation complète de grenier à son actif.

Je place les Klömft. Parfait.

Je visse les Qvirts.

Mais pourquoi faut-il mettre les tiroirs à l'envers pour qu'ils coulissent ? D'un côté, c'est pratique, les chaussettes tombent directement sur les pieds, mais de l'autre on ne voit pas ce qu'on choisit.

Bordel de merde ! J'ai monté les Qvirts à l'envers ! De plus j'ai oublié de faire glisser le Plöts ! il fallait le mettre avant les étagères ! Mais si je le mets avant, je ne peux plus placer les tiroirs ! Les glissières bloquent et le fond ne passe plus ! Il faut tout démonter !

J'essaie de retirer les Klömft. Bloquées. Je les pousse. Impossible.

C'est coincé de partout. Si je force, je fais péter les Würts.

Y en a marre, de cette connerie de meuble ! S'emmerder pour une mocheté qui sera à l'état de ruine dans même pas un an !

Connards de Suédois ! Il y a chez nous des tas d'artisans qui ont fait des merveilles ! Pourquoi venez-vous leur ôter le pain de la bouche ? Vous croyez nous donner des leçons, avec vos planches et votre austérité nordique ? Pas la peine de faire les malins ! On le sait, que le plus fort taux de suicide de toute l'Europe, c'est chez vous ! Vos meubles sinistres doivent y être pour quelque chose ! Tous les matins, je devrais prendre des sous-vêtements là-dedans ? Ça me fait gerber à l'avance ! Faudra pas s'étonner si je ne me change plus !

Je commence à tapoter du bout du pied sur les Chpöts... Puis plus fort. Ça rentre comme dans du beurre. Tu parles d'une fabrication !

Puis très calmement je prends Blörnst, Brüjst et Würts et les balance aux quatre coins de la pièce. J'entends le bruit de leur roulement sous les meubles. Le montage est terminé. On ne les retrouvera jamais. Puis je m'avachis sur le canapé. Je suis calme.

C'est le moment qu'elle choisit pour revenir.

— Pas encore fini ? fait-elle, fraîche et pimpante, comme si elle n'avait aucune conscience du drame qui se joue.

— Fait chier, cette merde, je grommelle.

Elle contemple le chantier, le Chpöts éventré, une vis qui finit sa course à ses pieds, une chaise renversée, mon air sombre.

— En tout cas, j'espère que tu ne comptes pas sur moi pour ranger ton merdier ?

Je vais pour répondre « Dis donc, c'est pour toi que je m'emmerde à monter cette saloperie d'armoire, espèce de conne, parce que moi, j'en ai rien à branler », mais un sûr instinct m'ordonne de m'abstenir.

Elle tourne les talons. Je reste seul au milieu du champ de ruines. Le même instinct me prévient : il faut arrêter là les meubles en kit. Immédiatement. Trop risqué.

Tant pis. Les vêtements resteront encore longtemps entassés dans des cartons d'Évian.

Le meuble en kit n'aura pas raison de notre amour.

17

Double-take devant le miroir. Qu'est-ce que c'est que cette horreur, là, pile au milieu du nez ?

Un bouton blanc.

Pour être précis, il n'est pas entièrement blanc. Sur une base conique rougeâtre, trône une tête d'épingle blanchâtre. Est-ce un deuxième bouton sur le premier, ou juste la partie sommitale d'un seul et même bouton ? Et, dans ce cas, l'ensemble évoluera-t-il plutôt vers le rouge ou plutôt vers le blanc ?

Saloperie de boutons qui apparaissent toujours sur le nez ! En plein milieu, en plus. Pourquoi jamais sur le coude ? Ou le genou ? Et comme par hasard le jour où j'ai un maximum de rendez-vous !

Je m'approche du miroir pour examiner ce tourmenteur. La buée que j'exhale recouvre le verre, m'empêchant de poursuivre mon observation. Mais j'en ai assez vu pour savoir que ce tubercule va m'emmerder toute la journée.

Que faire ?

Rien ? Le percer avec une aiguille empruntée dans le nécessaire à coudre ? Ou le presser dans un coton ? À mon avis le pus contenu dans la tête d'épingle exerce une telle pression sur le reste du bouton qu'il en est tout congestionné. Crevons l'abcès, libérons ce pus salvateur, la pression putride retombera et le rouge se transformera en un aimable rosacé qui passera vite inaperçu. Je choisis donc cette solution.

Je fais couler du Mercryl sur une rondelle de coton que j'appuie sur mon nez. Le liquide savonneux dégouline le long de ma joue, goutte sur mon menton et glisse le long de mon cou. J'aurais dû enlever ma chemise, mais trop tard, je vais puer le Mercryl, maintenant. En tout cas il y a là de quoi mettre en déroute tous les virus actuellement sur le marché. Avec moi, ils feraient moins les fiers, là-bas, au Congo, les Ebola, Legionnella, Lassa et consorts !

Oui mais maintenant ça me dégouline le long des manches. Je crois que j'y suis allé un peu fort au niveau du Mercryl. Mais au moins je suis paré.

Je presse le coton sur le bouton pour le percer. Et en effet, quand je retire le coton, la tête d'épingle blanche a disparu. Victoire sur les microbes !

Sauf qu'à sa place il y a maintenant un trou.

Un trou béant qui laissera peut-être une cicatrice indélébile. Un trou par lequel tous les microbes présents dans les environs vont s'engouffrer !

Et la partie rouge commence à enfler, on dirait. De plus un liquide incolore commence à suinter du trou, semblable à une sorte de fiel. Ce liquide-là ne m'inspire aucune confiance. Finalement j'aurais préféré une bonne giclée de pus, bien franche, bien nette. Après c'est fini, on se sent nettoyé, vidé de ses pestilences. Au lieu de ça, en pressant, j'ai peut-être fait rentrer les microbes à l'intérieur, ça va s'infecter sous la peau, créant un abcès invisible. Et si je m'étais contaminé les doigts ? Il me suffira de toucher une autre partie de moi-même pour être instantanément couvert de furoncles. Je ne vais tout de même pas me frictionner tout le corps à l'alcool à 90.

Quel con ! Je ne pouvais pas attendre deux jours, non ? Le bouton aurait mûri et disparu de lui-même.

Je me regarde à nouveau dans le miroir. Ça a encore enflé.

Du calme.

Si je mets un pansement, ce sera encore pire, on ne verra que ça, tout le monde se demandera : « Qu'est-ce qu'il peut bien cacher sous ce pansement ? Sûrement un énorme bouton ! » Et chacun le verra encore plus immonde qu'il n'est.

Bon. Je ne mets rien. Si ça se trouve personne n'y fera attention, les gens ont d'autres chats à fouetter. Et puis ce n'est qu'un bouton.

Car un bouton, c'est pas drôle mais c'est moins pire qu'une boule.

Un matin, on se réveille, on se tâte machinalement la base du cou et on découvre une boule. Un filet de sueur dégouline le long des tempes. Depuis quand j'ai ça ? Je l'avais, hier ? Pas sûr. Est-ce que c'est apparu dans la nuit ? Ou cette enflure croissait-elle en silence, sans attirer l'attention, attendant d'être assez forte pour se manifester au grand jour ? On se tâte l'autre côté du cou. S'il y en a une aussi, sauvé, c'est normal. Il n'y en a pas. Est-ce que c'est symétrique, le cou ? Tout ce qu'il y a d'un côté, doit-on le retrouver de l'autre ? Il faudrait un Larousse médical. On appuie sur la boule, c'est indolore. Donc encore plus inquiétant. Plus c'est indolore, plus c'est dangereux, je l'ai lu je ne sais pas où. Et alors on se dit : « Ah, comme j'aurais aimé avoir un simple gros bouton blanc ! » Car on pense automatiquement au pire : le cancer du larynx. Faudra-t-il m'amputer du cou ? Devrais-je me mettre à parler comme on rote, en tenant un micro contre ma glotte, comme le mafioso chinois dans *L'Année du dragon* ?

Deux solutions.

Un : foncer aux urgences. Deux : ne rien faire et attendre trois ans. Si je suis toujours en vie, c'est que c'était bénin. Je l'ai déjà fait et jusqu'à présent, ça m'a plutôt bien réussi. Combien de cancers ai-je soignés avec cette méthode ? Un sacré paquet.

Mais, pour l'instant, j'ai un bouton. Et je ne suis pas loin de me dire : « Ah si seulement je pouvais l'échanger contre une boule, juste le temps d'aller à mes rendez-vous ! Et demain je récupère mon bouton. »

Je suis sur le palier. Avant de partir, je rentre, vérifier une dernière fois dans le miroir de l'entrée.

Ça a encore enflé.

Ça doit être psychosomatique car plus je regarde, plus ça enfle. Ne plus y penser. En voilà bien, une phrase stupide ! Comment on fait pour ne plus penser à quelque chose quand justement on ne pense qu'à ça ?

Me voilà dans la rue.

J'observe les passants, l'œil farouche.

Celui-là, qui arrive, je suis sûr qu'il va me regarder... Gagné !

J'en croise un autre... qui me regarde aussi. Et celui-ci, idem ! Et celui-là encore ! Peut-être qu'ils me regardent parce que je les regarde. Si je ne les regarde pas, me regarderont-ils quand même ? Comment savoir sans les regarder moi aussi ?

Des lunettes de soleil, voilà la solution ! Mais des lunettes de soleil en novembre, c'est sûr que je vais me faire remarquer.

En allant jusqu'au métro je me regarde encore trois fois dans des vitrines. Deux fois ça a empiré et une fois ça a diminué. En cinq minutes ! Est-ce possible ? Ça ne dépendrait pas de l'éclairage ? Ou des miroirs ? Allez, j'arrête.

Métro. Wagon. Plus personne ne regarde. Pourquoi ce changement soudain ? Serais-je devenu si horrible à voir, comme par exemple un grand brûlé, que tout le monde se détourne ? Si oui, que faire de tous mes rendez-vous ? Les annuler ? Trop tard.

J'arrive au bureau paysager. Ça y va, les commentaires. Et sur tous les tons. Amical : « Fais voir ? Mais c'est horrible ! Tu as dû te charcuter à mort ! » Optimiste : « J'ai eu ça, ça m'a duré des semaines ! » Professionnel : « Nobacter matin midi et soir, en quatre jours c'est fini. » Définitif : « Ça va partir mais ça laissera une cicatrice indélébile. » Rassurant : « Ne sors pas de chez toi, ne vois personne, annule tous tes rendez-vous. »

Et chacun y va de son remède. Homéopathie d'un côté, auriculothérapie de l'autre ; les uns me parlent de massages de pieds qui font disparaître les boutons sur le nez ; d'autres m'exaltent les vertus du cataplasme d'orties ou de la fiente de pigeon mâle. Chiatsu, hypnose, ginseng, racines et feuilles diverses, infusions de menstrues de jeunes génisses me sont également proposés.

— Molko a appelé, il sera en retard, me susurre une voix féminine.

Bonne idée, ce retard. Ça va me permettre de mijoter un peu plus dans mon jus. Je m'enferme dans mon bureau. Ça doit jaser sec, dans les couloirs : Il est monstrueux avec ce bouton, je me demande où il a attrapé ça, pas en France, en tout cas.

C'était une erreur, ce rendez-vous. J'aurais dû rester chez moi, prétexter une angine. Ils auront tous les yeux rivés sur mon nez. Personne ne m'écoutera. Et il y en a deux que je ne connais même pas. Des décideurs, en plus ! Il y aura un rejet d'office de mes idées : Accepter les idées d'un boutonneux au dernier degré, impossible, c'est pas pour nous, bien sûr, mais que diront nos clients.

Ils ont raison. Comment peut-on avoir de bonnes idées avec un tel bouton ?

À moins que par pitié, ou par peur d'être accusé de racisme antiminorités repoussantes, on n'ose rejeter mon idée ?

C'est jouable.

Comment ça, par pitié ! J'ai un bouton, ça ne m'empêche pas d'avoir des idées ! Si vous n'êtes pas foutus de faire la part des choses, tant pis pour vous, bande de décideurs ! C'est mon bouton et je l'assume ! Et j'en suis fier, de mon bouton !

Quelqu'un m'appelle : « Ça va commencer. »

J'entre dans la salle de réunion.

Je suis gonflé à bloc.

Le premier qui regarde mon nez est un homme mort.

18

À tout moment de la vie, il faut choisir. Choisir une chose et une seule. C'est-à-dire en exclure un paquet que l'on n'aurait pas forcément voulu éliminer.

Choisir la femme de sa vie ou une politique pour la France n'est rien. Décider de l'heure H ou du jour J non plus.

Mais choisir un T-shirt.

— Chérie, quel T-shirt je mets ?

— N'importe lequel, ils sont tous pareils !

Je vois bien qu'ils sont tous pareils. Mais justement. Comment choisir entre vingt T-shirts identiques ?

— Mets celui que tu préfères !

Mais je ne préfère aucun T-shirt ! Je m'en fous, des T-shirts ! J'ai autre chose à foutre que perdre mon temps à choisir des T-shirts ! Je lui pose la question pour régler cette affaire subalterne au plus vite et passer à des tâches plus nobles et elle ne fait que m'embrouiller !

— Mets celui du dessus !

En voilà une réponse ! Celui du dessus ! Et pourquoi ? Simplement parce qu'il est au-dessus ? Et celui du dessous, il n'est pas bien ? Je lui en fais la remarque. Tout ce que je m'attire comme réponse, est « Alors prends celui du dessous ! » Une vraie girouette ! Ça, des conseils ? Merci bien !

Si je prends toujours celui du dessus, c'est toujours les mêmes que je mettrais, toujours les derniers arrivés. Et ceux du dessous auront été lavés pour rien, alors ? Mais je m'abstiens de lui en faire la remarque.

Je dois régler l'affaire tout seul.

Je décide donc qu'aujourd'hui, je vais mettre le dernier de la pile.

Facile à dire, comme ça, confortablement installé dans un fauteuil en train de tirer sur un cigare. Car je dois bien mesurer la signification profonde de ce geste : si je le fais aujourd'hui, je devrai le faire demain. Et après-demain. Et tous les jours de ma vie. Impossible de revenir en arrière. Sinon cette décision n'aura aucun sens. Elle rejoindra le grand cimetière des décisions inutiles. Cette perspective me déprime. Mais je sais que c'est la bonne. À moins de décréter que dorénavant tous les T-shirts propres seront introduits par-dessous ? Trop compliqué.

D'abord il faut différencier le dernier de l'avant-dernier. C'est fait. Je glisse la main entre les deux. Délicatement, d'un mouvement de chenille, pour ne pas entraîner l'avant-dernier au risque de le retrouver ratatiné au fond de l'armoire.

Jusqu'ici, ça va.

Maintenant l'avant-bras est introduit. Je soulève la pile de quelques centimètres, en équilibre sur mon bras. Exercice délicat.

De l'autre main, je tire le dernier. Il vient.

Aïe ! Aïe ! Je n'ai pas assez soulevé l'avant-bras ! Il commence à entraîner l'avant-dernier, par frottement ! Si je continue à tirer, celui-ci va se retrouver complètement chiffonné ! Il faut interrompre d'urgence le processus !

Je soulève mon avant-bras un peu plus pour que le

dernier T-shirt puisse glisser, libre de toute entrave. Mais plus je soulève la pile, plus son équilibre est instable... La voilà qui tangue dangereusement ! Je dois intervenir !

De l'autre main, je parviens à la bloquer avant qu'elle ne s'écroule. Bien joué ! Il était temps. Elle faisait déjà un angle de 45° par rapport à la verticale. Point limite. Un degré de plus et c'était la chute. L'explosion en vol de la pile de T-shirts. Ah ! Je l'ai échappé belle !

Le tas est maintenant redressé. Mais mon avant-bras commence à être tétanisé par cette position à angle droit. Il se met à trembler dangereusement. Je sens la pile brinquebaler.

La rapidité d'exécution est la clé du succès.

Je reprends le tirage du T-shirt du dessous. D'un mouvement ample, lent et continu. Surtout pas d'à-coup qui pourrait créer des faux plis.

Je suis au bord de la réussite.

Que s'est-il passé ? Ai-je voulu trop bien faire ? La peur du succès m'a-t-elle paralysé ? Me suis-je cru au-dessus des lois des hommes ?

La crampe. Un mouvement brusque du bras, incontrôlable.

J'aurais dû le reposer, souffler et recommencer. Bien sûr ç'aurait été moins glorieux qu'une réussite du premier coup, mais tellement plus efficace.

Sans crier gare, la pile vient de basculer.

Je reste sans réaction.

Voici vingt T-shirts éparpillés sur le parquet. Il va falloir tous les déplier, puis les replier, un par un.

J'ai un regard pour celui du bas. Il n'a pas bougé. Il est même tout seul sur l'étagère. À lui tout seul il fait une pile de un.

Sauf que, compressé par des générations de T-shirts

propres entassés sur lui, le voilà tout aplati, tout gris, tout terne et surtout froissé. Inutilisable.

Tout ce travail de Titan pour rien.

C'est alors que la responsable du carnage, qui s'était bien gardée d'intervenir pendant la tentative, pointe son nez : « Mais qu'est-ce que tu traînes ! Tu n'es pas encore habillé ? »

Je préfère ne pas répondre.

19

Ce n'est pas que je n'aime pas mon beau-frère. Au contraire.

Mais c'est avec la campagne que j'ai des soucis.

D'abord la campagne, ça pique. Et si ça ne pique pas, ça mord, ça fait enfler ou ça donne des boutons. C'est comme ça. On n'y peut rien. C'est son destin, à la campagne.

Ensuite il y a le silence. Qu'est-ce que c'est angoissant, ce manque de bruit ! Dès qu'une voiture passe, on dresse l'oreille. Pareil avec des voix. On se précipite : « Qui c'est, celui-là ? » Soulagement : on a reconnu les voisins. À la campagne, pas d'alternative. Ou c'est des voisins, ou c'est des voleurs.

Puis il y a le chien. Bien avant d'arriver, il m'a senti. Je le sais. Il tourne en rond, aboie dans tous les sens, éventuellement court derrière sa queue.

Et quand on fait ding au portail, il est sur moi.

Il pourrait être sur la femme de ma vie.

Elle adore les chiens et ne serait pas contre une petite fête. Mais non. C'est moi qu'il a choisi.

Et vas-y, avec tes pattes pleines de boue sur la parka à 1 995 francs du monsieur ! Ce n'est que grâce à la vivacité exceptionnelle de mes vertèbres cervicales que je parviens à éviter sa langue sur mon visage.

— Il t'a reconnu, constate mon beau-frère, satisfait du flair de son toutou.

J'aurais préféré pas. Même qu'il m'ignore complètement, qu'il fasse comme si je n'existais pas, je n'aurais pas été vexé, juré craché ! Ça part d'une bonne intention, je ne le nie pas, mais comment lui faire comprendre que je préfère garder mes distances avec la gent canine ? Pourquoi ne font-ils pas comme les chats ? En voilà, des animaux de bon aloi ! Toujours propres sur eux, discrets, ils ne vous sautent pas dessus pour un oui ou pour un non et marquent leur territoire par de discrets et érotiques frôlements.

Mais je suis obligé de faire semblant, d'être hyper à l'aise, comme si j'étais né dans un chenil. Plus tard, quand, assis dans le salon, il renifle ma braguette, pareil. Ou s'il se tient devant moi, la gueule ouverte en m'éternuant dessus, ou en grognant d'un air pas commode dès que je fais un geste pour prendre un Apéricube sur la table basse.

Avant le repas, je ne saurais échapper à la visite du potager.

Trois écueils me guettent. Un, l'écharde sous l'ongle, deux, la piqûre à un rosier toxique (seule espèce connue en France, c'est bien ma chance), trois, le ridicule. Pour celui-ci, je dois m'appliquer à rester dans le vague, éviter de dire ils sont beaux, tes poireaux, quand je suis penché sur les carottes ou quelles belles tomates en regardant les haricots. Inutile d'essuyer une moquerie d'autant plus humiliante qu'elle sera bienveillante. Non. Le jeu n'en vaut pas la chandelle.

Autre difficulté : croire devoir réagir à des sujets auxquels je ne connais rien. Exemple : « Le bois, je le touche à 150 francs le stère. »

Est-ce une bonne affaire et dois-je me fendre d'un sifflement admiratif ou au contraire une mauvaise qui devrait entraîner de ma part un vigoureux « Y s'emmerdent pas » ? Si j'admire alors qu'il faudrait s'insurger, ou l'inverse, quelle sera la réaction du beau-frère ?

Par contre, quel plaisir de pouvoir soutenir une conversation sur les matériaux, domaine dans lequel j'excelle suite à mes travaux de rénovation. Je suis d'ailleurs passé maître dans l'art d'orienter la conversation sur ce terrain, en partant de n'importe quel sujet :

— À propos de poireaux, tu ne devais pas isoler ton grenier ?

— Je le ferai au printemps...

— Qu'est-ce que tu vas mettre ?

— Chais pas, de la laine de verre...

— Mets de la mousse de polyuréthane. C'est un peu plus cher, mais avec un lambda de 4,8 tu y gagnes en épaisseur, et tu n'as pas besoin de pare-vapeur. Dès que tu te décides, dis-le-moi, j'ai 25 % chez Batimat...

Mais il y a pis.

La promenade pour digérer.

La promenade pour digérer consiste à mettre très lentement un pied devant l'autre dans une rue déserte. Comme dans toutes les villes moyennes, grandies trop vite, ce n'est plus tout à fait une route, et pas vraiment une rue. On n'entend que les bruits de nos pas. Parfois Drucker par les fenêtres ouvertes. Le goudron est gris foncé, le ciment gris clair, le ciel gris-bleu, les voitures gris métallisé. Personne devant, personne derrière.

En général on va jusqu'à la mairie et on revient.

Après la promenade pour digérer, je pense pouvoir m'affaler devant la télé. Erreur.

Il y a le feu.

J'aime bien le feu, mais si c'est pour trimbaler des bûches pleines d'échardes, non merci. Mon amour de la combustion ne va pas jusque-là. Si j'entre dans une pièce où brûle un bon feu, j'aime bien dire quel beau feu, je me mets devant et balance quelques sentences adaptées à la situation. (C'est fascinant, le feu, ça doit venir de nos instincts préhistoriques.) De plus, les flammes permettent d'avoir l'air beau et intelligent pour 150 francs le stère. Le seul ennui, c'est qu'on grille si on a le nez dessus, mais qu'on gèle à un mètre. Ou c'est la brûlure au premier degré, ou la pneumonie avec complication. Pas de milieu.

Ensuite, il faut aller dire bonjour au voisin. Il peut se vexer, sinon. C'est un jeune agriculteur costaud, avenant, à la poignée de main franche et directe. Ses mains calleuses viennent me rappeler qu'il s'échine à cueillir des tomates à 4 francs le kilo, que je paierai 15 francs au supermarché ; qu'il est donc honteusement exploité par les grandes surfaces dont je suis, avec mes mains blanches et douces, le complice.

— Alors vous nous amenez le Parisien ? fait-il en me broyant la main de la façon prévue au paragraphe précédent.

Je patauge dans la gadoue de la cour avec mes chaussures de ville, fais comme si de rien n'était ; m'accoude nonchalamment à un tracteur comme si je m'étais accoudé à des tracteurs toute ma vie.

Nous voici maintenant à l'intérieur de l'étable.

Une seule chose me hante : le clou rouillé qui dépasse.

S'il n'y en a qu'un dans toute l'étable, il sera pour moi. Je le sais, je le sens.

Et qui dit clou rouillé dit tétanos direct.

Une vision d'horreur me vient à l'esprit, celle du vieux Larousse médical de 1936, que, petit, je regardais en cachette dans la bibliothèque paternelle. J'éprouvais attirance et répulsion pour les terrifiantes maladies, représentées d'un trait plein de réalisme. On voyait une victime du tétanos, la figure déformée par un hideux rictus, tellement cambrée sur son lit qu'elle ne reposait que sur la nuque et les talons ; un autre atteint de delirium tremens, bave aux lèvres, yeux exorbités, était censé détourner les honnêtes travailleurs du chemin de l'alcool. Ah, on savait dessiner en 1936 !

J'essaie de ne me frotter à rien, de n'entrer en contact avec rien, de ne frôler rien. Simultanément j'ai un peu honte d'être si loin des préoccupations du voisin. Lui qui accepte son sort difficile avec le sourire et moi qui pique une crise quand mon portable capte mal. Honte de le prendre pour un plouc, alors qu'il parle d'indice pondéré de ceci ou cela, s'intéresse à ce qui se passe au Kosovo, et ne fait pas plus de fautes de français que moi, tout ça en se levant à six du mat.

— Si on allait voir les bêtes ?

Aïe ! Il va falloir tapoter le cul de la vache d'une main experte de vieux chevillard, surveiller du coin de l'œil qu'il n'est pas dans ses intentions de me pourlécher le museau car les prions s'attrapent par la salive, je crois que je l'ai lu quelque part, et surtout éviter les bouses. Sinon j'ai droit à un : « C'est rien, c'est que de l'herbe ! C'est pire, ce que vous respirez à Paris ! » C'est pire, mais au moins c'est parisien et ça ne se dépose pas sur les chaussures.

En général, la vache, pour stupide qu'elle soit, sent très vite les ondes négatives qu'il y a entre elle et moi.

S'il y a une bouse à faire, c'est pour ma pomme. Vingt personnes dans un champ, la vache, n'hésite pas. C'est moi qu'elle charge. Pourquoi ?

Après une journée éprouvante, adieux devant la grille. Bises. (Chez nous c'est quatre.) Rentrez bien.

Auparavant on a eu droit à des produits de la ferme. « Vous n'allez pas partir comme ça. » Pas osé refuser. Et deux cageots dans le coffre !

Des carottes squelettiques et tordues, mais bio ; des noix (le noyer a bien donné, d'accord, mais qu'est-ce qu'on va faire de 4 kilos de noix ?), deux pots de confitures maison, à base de fruits bizarres comme de la rhubarbe, dures comme de la pierre. (Vous n'en trouvez pas à Paris, des comme ça.) Comment dire que je préfère les confitures d'abricot du supermarché ? Et un pot de cerises à l'eau-de-vie qui font instantanément venir les larmes aux yeux.

Pendant le retour dans la Polo, échange d'impressions : ils changent pas, ils ont l'air heureux, c'est peut-être eux qui ont raison finalement... Cinq kilomètres et déjà des banalités. Peut-être sont-ils en train de se dire la même chose de nous ? Encore une banalité. Finalement qu'on dise une chose ou son contraire, c'est toujours une banalité.

Et ça aussi, c'est une banalité.

Le voilà, le problème de la campagne : elle nous fait dire pas mal de banalités.

À part ça, j'aime bien aller chez mon beau-frère.

20

On a beau dire, beau faire, prétexter un travail urgent, une gastro, une urticaire, une crise d'agoraphobie, à un moment ou à un autre, il faut y passer.

Les courses au supermarché.

On le retarde, le moment. On dit : « Il y a encore une boîte de maquereau, chérie, ça suffira pour ce soir, c'est excellent, le maquereau, tous les médecins le disent. » Ou : « Plus de liquide vaisselle ? Pas grave ! Profitons-en, changeons de vie et mangeons à même le sol ! » Ou même : « Plus de papier hygiénique ? C'est le moment d'expérimenter la méthode traditionnelle, à l'africaine, avec les doigts et de l'eau, c'est beaucoup plus sain. Et tous ces arbres sacrifiés pour se torcher le cul, n'est-ce pas du gâchis ? »

On est prêt à tout, à faire preuve d'une générosité insoupçonnée, à défendre l'indéfendable, à se faire le champion de causes inconnues il y a encore dix minutes...

Jusqu'à ce qu'elle dise : « Tu peux bien y aller, pour une fois. »

Vaincu, je saute dans la voiture.

Arrivée sur le parking.

Bien sûr, je n'ai pas prévu les 10 francs, pour le chariot.

Penaud, j'aborde des gens, deux pièces de cinq à la main. Ils se détournent. Je ressens l'humiliation du SDF vendant *Le Réverbère* aux feux rouges. Quand je pense qu'il y a des pros, des privilégiés de la jet-set des hypers, des happy few, qui ont un porte-clé en forme de pièce de 10 francs, récupérable à la fin !

Au moment où je n'y croyais plus, un bon Samaritain accepte de me vendre le précieux sésame.

Ça y est, je l'ai, mon caddie. Est-ce un coup du sort si je suis tombé sur le seul chariot qui vire à gauche ? Oui. Des milliers de caddies roulent normalement de par le monde et moi, je vire à gauche.

Premier acte. Un peu de traviole, j'entre dans le supermarché.

Tiens, le rayon bricolage ! Si j'allais jeter un coup d'œil vite fait ?

Je suis obligé de partir en dérapage contrôlé pour tourner à droite, avec ce caddie qui vire à gauche. Les semelles s'agrippent au sol, les mollets se crispent jusqu'à la tétanie, les quadriceps font donner leur masse, je suis à la limite de la rupture des ligaments croisés. Heureusement que j'ai des chaussures à semelles hydropneumatiques avec compensateur de supination, sinon une fausse manœuvre n'aurait pas été exclue. Merci Adidas.

Coup de chance, j'arrive en pleine promo. Ont-ils eu vent de ma visite ? Savent-ils que c'est mon péché mignon, les promotions au rayon outillage ?

N'ai-je pas besoin de cet appareil à couper les plaques de verre en rond ? C'est vrai qu'il n'est pas cher. On ne sait jamais, allez hop, dans le caddie ! Et ce nettoyeur haute pression à 899 francs ? Et cet assortiment de chevilles de toutes dimensions ! Pour tous matériaux en plus ! Brique, parpaings, carreaux de plâtre pleins ou alvéolés, béton, pierre ! Ici, un lot de lampes économiques. Bon, elles valent un peu plus cher à l'achat, mais elles ont une durée de vie de deux mille heures (données constructeur, non contractuel). Je ne sais pas combien de temps ça dure, deux mille heures, mais la perspective d'être éclairé par la même ampoule pendant deux mille heures me déprime. Ça y est, ma journée est gâchée à cause de cette ampoule économique. Il faut se ressaisir. C'est chose faite avec ce coupe-tuyaux. On ne sait jamais, on peut toujours avoir une subite envie de couper des tuyaux de cuivre. Surtout à 19,95. Et ce lot de clés anglaises ! Du 5 au 32 ! Depuis si longtemps que je rêvais de les accrocher dans mon garage, par ordre de taille !

J'ai déjà un caddie à moitié plein et pas encore une seule carotte.

Si je continue comme ça, le portable ne tardera pas à sonner : « Qu'est-ce que tu fais ? Ça fait une heure quc tu es parti ! »

Direction les fruits et légumes.

Ça commence plutôt bien. Je trouve les carottes du premier coup d'œil, c'est sans problème que je différencie une endive d'une courgette.

Nom de Dieu ! Où est passée la liste des courses ? L'aurais-je oubliée sur le buffet de l'entrée ? Ça ne m'étonnerait pas de moi. Et sans elle, point de salut ! Je pressens vaguement qu'il faut acheter des choses d'origine animale, d'autres d'origine végétale et d'autres encore d'origine chimique, mais c'est tout.

Je la retrouve, chiffonnée dans ma poche. Ouf. Je l'ai échappé belle. Je lis « carottes 6, pommes de terre 2 ». Là, ça se corse. Six quoi ? Carottes ou kilos ? Et pour les pommes de terre ? Du calme. Procédons par déduction. Ce n'est sûrement pas deux pommes de terre, c'est plutôt deux kilos. Donc pour les carottes, pareil, six kilos. Je commence à les entasser dans mon caddie. À quatre kilos, le caddie est déjà à moitié plein. Regards étonnés sur mon manège ; c'est vrai que je n'ai pas le look typique de l'éleveur de lapin. Je dois me rendre à l'évidence. C'était six carottes. Ce n'était pas la même unité de mesure pour les carottes. Il fallait y penser.

Je remets mes carottes sur l'étalage, sauf six, sous le regard de plus en plus perplexe du peuple consommateur. Je n'en ai cure. Je les introduis moi-même dans des sacs plastique prévus à cet effet. On tire sur un distributeur et le sac se détache tout seul du suivant grâce à des perforations étudiées. Idem pour les patates. J'ai l'impression de jouer à la marchande.

Si je prenais des kiwis ? Ou des mangues ? Ce n'est pas écrit sur la liste, mais un peu d'improvisation ne fait pas de mal, que diable ! À condition de ne pas oublier le dentifrice.

Tiens, des petits oignons blancs ! C'est bon pour la santé, on n'y pense pas assez aux petits oignons blancs. Je revois mon père qui les gobait entiers alors qu'une simple tranche me faisait pleurer des heures. C'était comme un symbole de la puissance paternelle. Il me paraissait indestructible, mon papa.

Deuxième halte à la crémerie. Là, ça se gâte.

Beurre, il y a écrit sur ma liste. Qu'est-ce que ça veut dire, ça, beurre ? Devant moi, dix mètres de beurre. Pasteurisé, laitier, bio, de baratte, allégé, vitaminé, entier, à tartiner, de cuisine... Comment je vais trouver le bon beurre, là-dedans ? La dernière fois que j'ai fait les courses – c'était il y a bien longtemps, les anciens du village s'en souviennent encore avec émotion –, j'avais dégotté le moins cher. Radieux, je l'avais posé sur le plan de travail. Pas de bol, c'était du beurre salé. J'avais lu une commisération amusée dans le regard de l'être aimé. Des années plus tard, la commisération sera-t-elle toujours aussi amusée ?

J'opte pour un beurre pasteurisé, tout en étant certain de la remontrance : « Pourquoi tu n'as pas acheté bio ? Je prends plus que ça, mais si, on en a parlé l'autre jour, évidemment, tu n'écoutes jamais. »

Ensuite le poisson.

J'avais prévu d'enchaîner, pensant que les poissons seraient dans le coin de toutes les choses qui se mangent. Grossière erreur ! Les poissons sont à l'autre bout, il faut traverser le sport, les chaussures, les cédés, la hifi, la beauté.

Je ne suis pas un habitué des linéaires mais j'ai regardé *Capital*. Et je connais tout des ruses des marchands : disperser ce qui va ensemble aux quatre coins du magasin pour obliger le client à circuler partout, mettre les produits les plus chers à portée de regard, sous une belle lumière et les moins chers en bas, en vrac, entassés dans de méchants emballages, sous un néon blafard. Il faut se baisser, on se sent pauvre, coupable d'offrir ça à sa famille, non, pas ça, vilain, pas beau, beurk, vite, le rayon du dessus !

Je connais tout ça. Ils ne m'auront pas.

J'entreprends la traversée du magasin, l'œil rivé sur la ligne bleue de la poissonnerie. Aller droit devant, ne pas regarder à gauche, ne pas regarder à droite...

Mais je ne peux empêcher des visions d'enfer d'imprégner ma rétine. Des scènes qu'on n'oublie pas.

Je vois des êtres humains, vêtus de peaux de bêtes ou de jogging Carrefour, errer dans les travées, le portable à la main : « Chérie, où sont les biscottes ? C'est avant ou après les cotons-tiges ?... Qu'est-ce que je prends comme café, moulu ou en grains ? » Ils sont hâves, le regard est éteint, le teint terreux. Depuis combien de temps sont-ils là, ces malheureux ?

Je vois aussi de véritables déchets humains parler dans le vide. Yeux exorbités. Ont-ils des visions ? Une

Sainte Vierge, qui les guiderait dans le labyrinthe des gondoles ? Non ils possèdent un kit mains libres.

Il y a pire. Ça s'appelle une famille. C'est une entité constituée d'un mâle dominant, d'une femelle et d'un ou plusieurs petits. Ça meugle de partout :

— Qu'est-ce que je prends comme chips ? feule une femelle au rayon apéritifs.

— Chais pas..., grogne un vieux mâle à dos argenté, avachi sur le caddie.

— C'est ça, et après tu vas dire pourquoi t'as pris celles-là, j'te connais ! ulule la femelle.

Près de la charcuterie, une jeune femelle jappe :

— Alors moi, j'ai pas le droit d'acheter un petit haut à 79 francs et toi, tu t'achètes un protège-volant à 159 francs !

Ailleurs, un petit profite de l'inattention des parents pour remplir le caddie de friandises, ce qui déchaîne l'ire de la femelle :

— Qu'est-ce que je t'ai dit, Kévin ?

— T'as qu'à le surveiller... barrit le mâle.

— C'est le tien aussi, j'te signale !

Je fuis. C'est contagieux, la famille ?

Plus loin, une foule. C'est l'espace portables. Le nouveau WAP Nokia tri-bande est arrivé ! Avec le son numérique EFR ! Encore plus léger, 99 g. Déjà l'autre était léger, mais ce n'est rien à côté de celui-ci. Vibreur intégré. Lecteur de carte bancaire. Modem data fax. Port infrarouge pour communiquer avec son PC, son Palm et son Psion. Tous ces gens qui s'achètent des forfaits pour se faire croire qu'ils ont des amis.

Sur ma gauche, j'aperçois la beauté.

Le poisson est avant la beauté, sur ma liste. Mais puisque la beauté est là, autant en profiter. Ce serait stupide de traverser tout le magasin dans un sens, puis dans l'autre, juste pour respecter une liste. J'irai au poisson après. Un peu d'initiative !

Je prends et j'entasse. Je suis beau de force entasseuse. Bain moussant extra-doux aux ions tensio-actifs, dentifrice nouvelle formule avec encore plus de Fluor et de Trectol, crème amino-hydratante pour peaux réactives, shampoing régénérant à l'extrait de gui pour cheveux cassants... Au moment où je m'empare du bidon, je vois écrit « après-shampoing ».

J'ai failli prendre un après-shampoing à la place d'un shampoing ! Qu'allais-je faire là ? J'ai eu chaud ! Je sens encore le vent du boulet contre ma joue !

C'est alors que j'entends des cris. Je me retourne : une ménagère de moins de cinquante ans, mais qui en fait plus, me cherche querelle. Je me suis trompé de caddie ! J'étais en train d'entasser tout le rayon beauté dans le sien ! Bien sûr que j'aurais dû faire attention, mais quelle idée, aussi, madame, de mettre son caddie derrière le mien et d'aller à l'autre bout du rayon ! Il fallait l'emmener avec vous !

— Je suis handicapée, monsieur ! Je n'ai pas le droit de transporter des objets lourds !

J'ai beau la regarder discrètement sur toutes les coutures, le handicap ne saute pas aux yeux. Curieux, ces gens qui se prévalent d'un handicap comme d'une médaille.

Évidemment ça bouchonne dans le rayon. Tout le monde veut passer. On n'a pas que ça à faire ! Libérez le passage ! Pensez aux autres !

J'essaie de négocier pour éviter de vider son caddie. N'a-t-elle pas besoin d'après-shampoing ? Je vois que ses cheveux sont cassants. Et ce déodorant hypoallergénique qui libère les pores tout en laissant la peau respirer, il serait bon, pour elle !

— Non, je travaille, moi, riposte-t-elle sans que m'apparaisse clairement l'incompatibilité entre travailler et se déodorer les aisselles.

Je remets mes achats dans mon propre caddie, que

j'ai du mal à retrouver, car moi aussi, je l'avais laissé à l'autre bout du rayon.

Je suis presque au bout de mes peines. Il faut juste trouver les gants pour la vaisselle qui ne sont pas à côté des produits vaisselle. Le papier hygiénique n'est pas à côté du Canard WC. Il faut revenir au début, près des cédés, qui sont derrière la crémerie.

C'est fini. C'est le bout du tunnel. Enfin les caisses salvatrices !

Il faut choisir sa queue. Je reste ici ou je vais là-bas, ça a l'air moins long. Mais le temps que j'y arrive ne risque-t-il pas d'y avoir dix personnes devant moi, qui auront fait la même analyse ?

Il faut se décider. Je prends la 15. Évidemment, c'est la 16 qui avance plus vite. Classique. Pourquoi tous les idiots de la région se sont-ils donné le mot pour se mettre devant moi ? Déjà celui-ci, avec son vélo d'appartement, évidemment, le prix n'est pas marqué. Il faut appeler un responsable. Il aurait pu vérifier... Et cet autre, je compte, il n'a que huit choses dans son caddie. Pourquoi n'est-il pas à la caisse « moins de 10 articles » ? Je lui en fais la remarque ou pas ?

C'est enfin à moi. Je transvase la marchandise du caddie sur le tapis roulant. Il faut aller vite et fluide car, derrière, ça presse. Aucun ralentissement, aucun à-coup n'est autorisé par la masse acheteuse. C'est alors que j'entends un son en provenance du larynx de la caissière :

— Vous avez oublié de peser les carottes et les pommes de terre.

Badaboum.

Mon sang se glace dans mes veines, comme dirait Mary Higgins Clark. Je suis à deux doigts de tout abandonner. De quoi aurai-je l'air si je rentre au logis sans rien ? Je serai tel le chasseur revenu bredouille, attendu fébrilement par toute la tribu affamée depuis trois jours, et qui espérait se faire un bon rôti de tapir.

Tant pis. Je dirai que je n'ai pas trouvé de pommes de terre. Pas de pommes de terres dans un supermarché ? Tchétchène, peut-être, mais seine-et-marnais... Difficile à défendre comme position.

Je dois y retourner. Le cœur saignant, je m'arrache à la queue. Le réfugié kosovar qui se sacrifie juste avant la frontière parce qu'il y avait une personne de trop dans le camion, en cet instant, je partage ses angoisses. « Au revoir, frères, je reviendrai. » La liberté est là, à deux mètres, mais pas pour moi.

Je refais tout le périple en sens inverse. Par égard pour les lecteurs sensibles, je passerai sous silence cette rétrospective.

Enfin, me voilà sur le parking ! Le soleil commence à décliner. C'est l'heure tranquille où les lions vont boire.

C'est alors que je m'aperçois que je n'ai pas noté ma place de parking.

Je ne sais plus où est ma voiture.

C'est trop d'émotion d'un coup.

Je pourrais téléphoner, mais à quoi bon ? Ici, pour moi, nul secours. Il serait plus facile de retrouver un navigateur solitaire dans l'Atlantique Nord que ma Clio sur le parking du Carrefour de Longjumeau.

Je me souviens d'histoires d'enfants perdus dans la forêt et mangés par un ogre, qui me faisaient peur. Ma maman était là pour me consoler. Mais ici, nulle maman en vue.

Je vais rester là, avec mon caddie ; je passerai la soirée au Kentucky Fried machin, à attendre la nuit, transi de froid, que le parking se vide et qu'il ne reste qu'une voiture, la mienne.

Je pense aux denrées périssables qui vont périr dans leur cage à roulettes.

Je pense aussi que j'ai oublié le poisson.

Je pense qu'il faudra revenir demain.

Soudain, je me sens très seul.

21

Ce soir, c'est décidé, je lis. Et pas n'importe quoi. Proust.

En passant devant la télé, son écran mort me lance un appel. Sinistre, un écran de télé éteint. Fait pour être allumé, que ça bouge avec de la couleur dedans. Qu'est-ce qu'il y a ce soir ? Si je jetais un rapide coup d'œil avant de commencer mon livre ?

Je presse le bouton de la télécommande. L'écran commence à grésiller. Attention ! Je ne regarde pas, hein ! Juste un rapide zapping et je me plonge dans ce vieux Marcel.

Tiens, des singes ! Ils sont rigolos ! C'est dingue, les singes. Ceux-là sont des Bonobos du Kenya. Un document exceptionnel ! La première fois qu'on les filme de si près, nous dit la voix du commissaire Moulin que je ne savais pas expert en primates. Et il paraît que leur observation nous apprend des tas de trucs sur nous !

Intéressant.

Ça vaut le coup de regarder cinq minutes.

Je pose une fesse sur le bord du canapé.

Je suis foutu.

Impossible de lutter contre des singes. Proust et Kafka réunis ne font pas le poids devant trois singes en train de se mettre le doigt dans le cul.

La première fesse est bientôt suivie d'une deuxième.

Pour l'instant, je suis juste posé sur le rebord du fauteuil, je n'ai pas encore abdiqué. Je suis très capable de quitter cette maudite banquette en cuir pleine peau quand je le veux. Maintenant, même.

Puisque je sais que j'en suis capable, autant vérifier qu'il n'y a rien d'intéressant sur le paf.

Ici, on peut gagner des tas de cédés et une super-soirée avec sa vedette préférée ; là, des lesbiennes sado-maso se confessent ; partout on se pose des questions : jusqu'où peut-on aller par amour ? J'ai trente ans, je suis belle, pourquoi suis-je seule ? Suis-je prêt à tout abandonner pour un homme ? Comment vivre avec un nain ? Un responsable titillé par une paire de journalistes amis fait de vraies propositions concrètes, un autre dit que les Français jugeront, un troisième cite des chiffres incontestables et, tandis qu'un quatrième fait entièrement confiance au Président, un sociologue se demande quelle planète nous laisserons à nos enfants. Il y a aussi des flics dans un commissariat du Bronx, hé mec, c'est quoi ton problème, je vous fais un peu de café, acceptez-vous de coopérer, j'ai deux places pour les Chicago Bulls, nous abandonnons l'inculpation pour viol, objection votre Honneur et tu lui as lu ses droits ?

Drucker reçoit une merveilleuse chanteuse qui reçoit elle-même d'autres chanteuses encore plus merveilleuses que la première. Trop de gens merveilleux, ça me déprime. Je zappe.

Le clan du bonheur. Les anges du bonheur. La Maison du bonheur. Une poupée Barbie parle à un vendeur d'aspirateurs. Il ne faut pas que Cynthia dise à Jason que la mère de Deborah sait que Kate a acheté les parts de Melissa sinon George ne s'en remettra pas.

Je m'esclaffe. C'est nul ! Je le crois pas ! Il faut que je regarde ça jusqu'au bout. Je suis comme hypnotisé.

Jusqu'où iront-ils ? Trouveront-ils l'équation ultime de la connerie ? Il faut que je sache. Je veux pouvoir dire j'y étais, le jour où ça se produira. Dommage qu'Eric et Martine ne soient pas là. Avec eux on rigole bien, à tout critiquer et à se foutre de la gueule des animateurs. Ça fait de bonnes soirées entre amis.

Mais comment les gens peuvent-ils regarder des âneries pareilles ! Faut pas s'étonner que la France en soit là, avec des gens pareils ! Faut se les faire, les gens ! Moi, c'est pas pareil, je zappe rapidement avant de lire mon livre. Juste pour vérifier que je ne rate rien. S'il y avait quelque chose d'intéressant, ç'aurait été stupide de le rater. Mon livre, je peux le commencer dans deux heures. Ou même demain. Il y a pas le feu.

Ce bref survol me confirmant la navrance de tout, je vais donc bientôt éteindre. Dans pas longtemps. Ça ne saurait tarder. C'est l'affaire de quelques instants. Dans cinq minutes, j'y vais.

Que dis-je, cinq minutes ! Trois minutes. Allez ! J'attends la pub et j'y vais !

Je me cale dans les coussins, non pour m'installer, mais juste parce que c'est fatigant de se tenir tout raide au bord du canapé. Ce n'est pas le fait de m'allonger plus confortablement qui va m'empêcher de me lever dès que je l'aurai décidé. Non mais !

Tiens un reportage sur des flics en zone sensible. Intéressant. Photogéniques, les zones sensibles. J'ouvre une bière. Je l'ai pas déjà vu, ce truc ?

Je zappe encore un coup et j'y vais. Non. Un coup, et après ce premier coup, quatre coups, et là, j'y vais.

Quand je pense qu'il y a des gens qui ont le satellite, le câble et l'écran 16/9 ! Vivent en général dans des zones pavillonnaires, se meublent chez Carrefour, mais au niveau voitures et télés, ils sont au top. Englués dans leurs quatre-vingt-dix-neuf chaînes, ils zappent tout et ne voient rien. Les pauvres !

Premier coup de zappette. Énième retransmission de la finale de l'Euro 2000 ; je connais par cœur. Je l'ai vu en live, moi monsieur ! J'y étais ! Devant mon récepteur ! Alors je n'ai pas besoin de ces trucs réchauffés !

Deuxième coup. Du judo. Très bel ushimata ! Formidable akato-kata parfaitement maîtrisé ! s'enthousiasme le commentateur, alors que, ushi ou mata, akato ou kata, on voit toujours la même chose : deux mastars qui se chamaillent en s'attrapant par le paletot. Des officiels imperturbables en costars bleus font des gestes sibyllins en agitant de petits drapeaux colorés ; un des malabars saute en l'air, il doit avoir gagné, tandis que l'autre s'incline respectueusement, acceptant la défaite. Va-t-il faire hara-kiri ?

J'ai faim. Regarder la télé, ça donne faim. Pas faim de choucroute ou de gigot d'agneau. Non. Faim de cacahuètes. Ça tombe bien il y en a sur la table basse. Et des chips, des Apéricubes et des noix de cajou. Des olives aussi. La ration de survie du gland devant la télé. Il faut ça. Se lever d'un bond, aller dans la cuisine peut être dangereux. Donner un étourdissement. Il vaut mieux tout avoir à portée de main. Juste tendre le bras. Tout bien calculer pour ne même pas avoir à pencher le buste. C'est encore trop. Juste tendre le bras.

Troisième coup de zappage. Émission littéraire. C'est bien, ça permet d'avoir l'air cultivé sans avoir rien lu. Comme les électrodes qu'on se colle sur le ventre pour se muscler sans rien faire. C'est sur Proust, en plus ! Ça tombe bien. Des amoureux du cher Marcel parlent, les yeux brillants. Ils racontent Céleste, les paperolles, les murs de sa chambre tapissés de liège pour être à l'abri du monde, le courrier désinfecté, les serviettes de toilette jetées à peine utilisées. C'est passionnant, peut-être même plus, je le redoute, que la lecture de l'œuvre elle-même.

Quatrième zappement. Ah, le journal de la nuit ! Défilé de mode, glissements de terrain, inondations. Si c'est pas malheureux ! compatis-je en engloutissant trois cacahuètes. Toujours dans des pavillons à 499 000 francs, les inondations. Rarement dans des maisons de maître meublées Restauration. La femme dit « on a tout perdu ». On voit un buffet Conforama, les pieds posés sur des parpaings, protection dérisoire des pauvres gens. Les parpaings c'était pour le garage. Le garage attendra. Le congélo est foutu. La chaudière aussi. On attend l'expert.

Cinquième zappade. Écran pub. Pour gagner notre vie, précise l'animateur. Qu'est-ce qu'il y a, comme nouvelles réclames ? Il faut les voir, si on veut s'en moquer. Sinon, on prend du retard et on n'est plus dans le coup, en société. Encore des animaux ! Avant il y avait des filles nues, maintenant c'est des chatons. Des chatons à toutes les sauces. Pour vendre des couches-culottes, du parfum ou des perceuses sans fil. Qu'est-ce que ça dure, ces pubs ! C'est insupportable ! Et des bandes-annonces ! Et encore des pubs ! Comment font les gens pour supporter ça ? Ah, elle est pas mal, celle-là ! C'est rare, une bonne pub. C'était quoi, déjà, le produit ? M'en souviens plus.

J'avais dit cinq coups, c'est cinq coups. Un petit dernier ? Allez, pour la route. Un spécialiste barbu parle allemand sur fond moutarde, je suis donc sur Arte. C'est assez ennuyeux, mais si c'est ennuyeux, c'est que c'est intéressant. En effet, il s'agit d'un débat sur un pionnier du cinéma turc des années 20 malheureusement tombé dans l'oubli. Croire qu'on va apprendre quelque chose à la télé, quel merveilleux prétexte pour ne pas éteindre. Je reviendrai souvent sur cette chaîne.

Je m'allonge sur le canapé, m'étire de tout mon

long, retire mes chaussettes. Je me masse les pieds d'une main. L'autre, je la fourre dans mon slip.

Je suis bien.

Quelle heure ? Une heure du mat ! Déjà !

Nom de Dieu ! Je n'ai rien foutu !

Je ne vais pas commencer mon livre maintenant, c'est con, je vais m'endormir dessus ; demain il faudra tout recommencer. Perte de temps inutile, surtout pour un mec total booké comme moi.

Demain, je m'y mets.

Sûr.

22

Le réveil sonne, je l'arrête, probablement de l'index gauche, je me lève, fais trois pas dans le noir pour ne pas la réveiller, enfile ma robe de chambre posée en vrac sur la chaise, sors de la chambre, me gratte l'entrejambe, fais une dizaine de pas, entre dans la salle de bains, ouvre l'interrupteur, relève l'abattant. J'essaie de bien viser, pour que le jet tombe pile au milieu de l'eau et en même temps je pense que ça fait du bruit et risque de réveiller toute la maison. Je l'oriente alors sur la faïence, pas trop haut pour que ça ne me rebondisse pas sur les guiboles. Juste au niveau de l'eau. Ainsi je cumule les deux avantages : pas de bruit, pas de rebond. Bien joué. Ce faisant, je me regarde dans le miroir, ça va, j'ai la même tête qu'hier. Comment se fait-il qu'en ayant toujours la même tête qu'hier, on finisse par autant changer ?

L'urinage touche à sa fin. J'agite plusieurs fois ma zigounette. Pour la goutte. Mais il y en a toujours une autre qui vient. Je pense que ça va, range ce membre éminent dans mon calbut et c'est alors que je sens une goutte traîtresse qui dégouline sur le haut de ma cuisse. Bon, il faudra que je me lave.

À ce moment, première question fondamentale : « Je me lave avant ou après le petit dèje ? »

Chaque fois c'est la même question et chaque fois

je me réponds : petit dèje d'abord. Je le sais. Alors, pourquoi toujours cette question ?

Je ferme l'interrupteur de la salle de bains, en sors, ouvre celui du couloir, me dis comme d'habitude « Tiens il faudrait que j'enlève cette petite tache de peinture sur l'interrupteur », mais je n'y pense que lorsque je la vois, et lorsque je la vois, je n'ai pas le temps de m'en occuper, de la petite tache, puisque je me prépare afin d'être opérationnel pour la journée ! et comme dès que je ne la vois plus, je n'y pense plus, elle restera là, à moins de le noter sur un Post-it, mais pas pour une si petite tache.

Puis je vais à la cuisine, ferme le commutateur du couloir et ouvre celui d'icelle.

Un examen superficiel pourrait faire croire à un observateur impartial que ma vie consiste à appuyer sur des interrupteurs. Bien sûr que non ! J'ai une activité professionnelle enrichissante et une vie affective pleine de surprises !

Et soudain j'ai une vision. Si c'était vrai ? Si tout ça n'était qu'illusion ? Si ma vie n'était qu'une couverture ? Un paravent, un rideau de fumée, que des instances supérieures auraient inventés pour que j'accepte de tourner des boutons toute la journée, croyant que c'est accessoire alors que c'est là ma raison d'être ?

Je ne pourrai plus jamais allumer la lumière comme avant.

Mais le temps qui passe reprend ses droits.

Je suis dans la cuisine. C'est reparti.

Ouvrir le placard du bas, se dire qu'il faudrait raboter car le bois a joué, sortir une casserole, la poser sur le feu, revenir prendre la cafetière, me dire la prochaine fois je la prendrai en même temps ça m'évitera de revenir la chercher et de faire deux fois trois pas pour rien.

Ça n'a l'air de rien, deux fois trois pas pour rien, mais savoir qu'on va répéter ces deux fois trois pas pour rien pendant des années, voire des décennies, est insupportable. Et même casse-couilles, d'un point de vue métaphysique.

Je pose deux bols sur la table, un pour moi, un pour elle, qui va descendre plus tard. Dans chaque bol, deux sucres (mais j'en prends quatre d'un coup pour ne pas avoir à faire encore des pas pour rien).

J'ouvre la porte du frigo, prends la boîte à café et le beurrier...

J'assiste, impuissant, à l'enchaînement inexorable des séquences. Je sais qu'après ce geste vient celui-ci ; et qu'après celui-ci vient celui-là ; c'est d'un chiant ! Impossible de changer quoi que ce soit à leur rythme, impossible d'en sauter un, on n'ellipse pas comme au cinéma. On est condamné à aller jusqu'au bout, si on veut parvenir au but recherché, à savoir être performant et opérationnel pour la journée.

Petit déjeuner.

Et maintenant retour à la salle de bains. (Interrupteurs, etc.)

Je ne peux pas dire que j'aime ça, me laver. Quand je suis très sale, OK, c'est même un plaisir, mais là, je ne m'estime pas très sale. Une giclée d'eau de toilette pourrait même suffire. Je n'ai personne à séduire aujourd'hui.

Mais quand faut y aller, faut y aller.

La suite des événements, là encore, je connais par cœur.

Entrer dans la baignoire, ouvrir le robinet. Trop froid. On tourne un poil la manette et brusquement c'est trop chaud. Comment se fait-il qu'on passe toujours de trop froid à trop chaud sans jamais s'arrêter à tiède ?

Prendre un savon dans la main gauche, avec éventuellement en prime le gag du savon qui saute des mains et qu'on est obligé de poursuivre, tout nu, sur le carrelage ; enfiler un gant sur la main droite, se savonner le dos dudit gant pour, en se contorsionnant, se laver la moitié opposée du dos. Et ce n'est pas fini ! Poser le savon (d'où risque de glissade, autre gag), changer le gant de main et recommencer la même opération, mais symétriquement pour régler son compte à la moitié du dos oubliée. Penser qu'il y a sûrement, au milieu du dos un carré de peau qui n'est jamais lavé...

Ensuite, seulement, ensuite, on peut passer au reste. On croit qu'on est tiré d'affaire ? Inconscient que l'on est !

Il y a le ventre, les hanches.

Et la bistouquette.

Et le trou du cul. Celui-là, on peut bien l'appeler comme on veut, le fion, l'entrée des artistes, la fenêtre de derrière, le borgne, le gaspard, le foiron, le foireux, la lucarne, le trou du souffleur, même les fesses, bien qu'il s'agisse là d'une métonymie voire d'une synecdoque, les spécialistes divergent sur la question. Un trou du cul, c'est un trou du cul. Celui-là, il convient de le toiletter juste ce qu'il faut. Il est très susceptible. Trop d'astiquage serait une allusion directe à sa fonction première et considéré comme une atteinte grave à sa dignité. Ses réactions seraient imprévisibles. En général je prends soin de le laver après la bistouquette, pour éviter d'importer des microbes culiers dans la partie zigounière. Je ne l'ai lu nulle part, c'est une décision perso que j'estime de bon sens.

Certes, m'objectera-t-on, des microbes capables de traverser des océans peuvent franchir sans encombre cette petite distance. Mais peut-être n'y ont-ils pas pensé, les microbes, et dans ce cas, pas la peine de les tenter. Ou peut-être se sont-ils spécialisés. À moi les couilles, à toi le cul. Peut-être se partagent-ils ces territoires comme les truands celui des machines à sous ? Je ne peux pas me prononcer, connaissant mal la psychologie des microbes. Mais il convient d'être prudent.

Autre question. Dois-je me laver les pieds avant le derrière ? Ou vice versa ? Ou ça n'a pas d'importance ? Les microbes culiers sont-ils moins redoutables que ceux qui zonent sur les pieds ?

Ah oui, après tout ça, bien savonner le savon pour que la toilettiste suivante ne se lave point la figure avec un savon qui m'aurait frictionné le derrière, c'est la moindre des politesses.

Rinçage. Évidemment je grelotte. Impossible d'y échapper, au grelottis. On a beau monter le chauffage, rien n'y fait. Seule solution, l'essuyage ultra-rapide.

Aïe aïe aïe ! La serviette est humide. Je me frotte d'abord le dos, en la faisant glisser de bas en haut, enroulée sur elle-même, en une espèce de corde. Puis sous les bras. Attention, si on frotte trop, on s'arrache les poils, pas assez, on reste mouillé.

Ensuite cette satanée zigounette. Je la triture dans tous les sens avec acharnement, comme si j'avais quelque chose à lui reprocher. Mais non, je veux juste qu'elle soit sèche, mais très très sèche, sinon mon slip sera humide. Je ne m'en apercevrai qu'une fois le pantalon enfilé ; il faudra alors tout retirer pour changer de slip. Idem avec les pieds. En voilà une chose compliquée à nettoyer, les pieds ! Avec ces creux, ces bosses, ces pleins et ces déliés.

J'en arrive à l'habillage. T-shirt. Sweat. Pull. Slip. Changer de pantalon. Retirer la ceinture de l'ancien, l'enfiler dans le nouveau, elle m'énerve, cette ceinture, à toujours s'accrocher dans les passants ! Et l'argent.

Et les clés. Et les Kleenex. Ne rien oublier dans les poches.

Les chaussures. Qu'est-ce que c'est barbant d'enfiler des chaussures ! Surtout les baskets. On introduit le pied, ça ne rentre pas. Pourtant il était bien sorti, hier ! Il faut donner du mou aux lacets pour élargir l'ouverture. Mais on n'en a pas donné assez, le pied se coince à mi-parcours. On s'énerve, on tire et l'irréparable est commis, les lacets sont expulsés des œillets. Le pied peut enfin passer mais à quel prix ! Il faut réenfiler ces foutus cordons. On a du mal à viser dans la pénombre, quelle connerie. Il faut tirer dessus pour les resserrer, encore heureux si les deux bouts se retrouvent de la même longueur ! Parfois, ça s'est vu, on doit redonner du mou, pousser d'un côté, tirer de l'autre, pour les ajuster approximativement, afin de faire un nœud correct, qu'on devra de toute façon renouer dans deux heures, évidemment au beau milieu d'un escalator...

Tous ces gestes, je les fais tous les jours.

Ensuite, je me livre à diverses activités accessoires telles que : gagner ma vie, relire la Bible, battre le record du monde de plongée en apnée, traduire Sartre en ouzbek, descendre les rapides du fleuve Nianga, chasser l'émeu en Australie, appeler ma mère ou faire un Loto.

Le soir, je rentre et je rallume mes interrupteurs.

Demain ça recommence. Je suis déjà fatigué.

23

Le beau temps, très peu pour moi. Un peu ça va, mais à longueur de journée, c'est d'un pénible ! Tu te lèves, beau temps ; tu te couches, beau temps. Entre les deux, beau temps. Les belles journées se suivent et se ressemblent, désespérément identiques. Rien ne bouge. Rien ne se passe. C'est plombé. Le beau temps, c'est un avant-goût de la mort. Surtout dans les paysages paradisiaques. Rien de plus angoissant qu'un paysage paradisiaque. Et voir que ça n'angoisse que moi m'angoisse encore plus.

Et encore, le beau temps, seul, ça va, mais qui dit beau temps dit vacances.

Et qui dit vacances dit plage.

Étant d'un naturel optimiste, le matin, je scrute le ciel, plein d'espoir, à la recherche d'une amorce de nuage annonciateur de pluie qui mc permettrait d'échapper à la plage. Mais non. Le ciel est implacablement bleu. Si, parfois, il y en a un, de nuage. Mais, manque de pot, ici, même les nuages sont précurseurs de beau temps !

La plage menace. Pas moyen d'y échapper. La femme (amie, compagne, concubine) de ma vie est déjà prête, fraîche et riante, avec tout son attirail : « Je crois qu'on va encore avoir beau temps ! »

Raaah ! Le mot qu'il ne fallait pas dire ! J'essaie de

l'effrayer en évoquant les dangers du soleil. Je parle de la peau qui se craquelle comme la terre du Sahel. Avec éloquence, je décris un mélanome malin en train de grignoter son joli derme. Il est là, tapi sous ce grain qui pour l'instant est de beauté mais pour combien de temps ? Peut-être est-il déjà trop tard ! Je conte les métastases qui galopent dans les poumons, je dis la lourdeur des traitements, le turban sur la tête, j'évoque les amis qui fuient, mais je ne récolte qu'un éclat de rire, la tête renversée en arrière. Le combat est perdu d'avance. Autant raisonner un alcoolique : les autres boivent trop, lui jamais.

Je tente pourtant une diversion :

— Si on allait se balader dans l'arrière-pays, voir s'il y a un potier ? je propose plein d'un fol espoir.

C'est pas que j'en raffole, des potiers barbus de l'arrière-pays. Mais ça fera diversion. Ah, une bonne balade en voiture ! Tout plutôt que le supplice de la plage !

Mais vrai, l'espoir est vraiment fol. Car la réponse tombe, d'autant plus imparable qu'elle sort d'une bouche adorable et aimée, et qu'elle est murmurée d'une voix cristalline sur un ton de désolation :

— Tu ne veux pas aller à la plage ?

— Bien sûr que si, je réponds en pensant bien sûr que non.

Nous voilà donc sur la plage.

C'est toujours pareil.

Il faut enduire le corps de votre femme (amie, compagne, etc.) d'huile à base de coco ou de protéines amino-hydratées, indice 14. Si on a une subite envie de l'embrasser sur les coups de midi, c'est râpé pour la journée, il fallait y penser avant.

Et bizarrement, ce corps qui, habillé, vous met en émoi dans l'ombre propice d'un appartement vous fait autant d'effet qu'un sac de plâtre.

Il faut aussi s'allonger sur une serviette, faire semblant d'être bien. Rire quand on reçoit des ballons d'enfants dans le pif, excusez-le, c'est rien, mais pensez donc ; subir des nuisances comme le passage de surfeurs et de diverses filles oblongues et nordiques que vous croyez mieux que votre femme mais qui sont juste différentes.

Autre obligation : aller dans l'eau parce qu'elle est bonne. Je m'y risque. Au bout d'une demi-heure, je me dis : « Voilà une demi-heure que j'agite les bras en tous sens sans avancer d'un mètre, j'ai prouvé ma bonne volonté mais les éléments sont contre moi, ça va bien comme ça, j'arrête ma collaboration avec eux, je sors. »

Et je me retrouve à nouveau sur le sable.

Mais dehors, il fait froid. Beaucoup plus que quand on était sec. Et si au moins le corps était foutu d'emmagasiner un peu de chaleur pour la ressortir quand ça caille. Mais non ! même pas foutu de faire ça, le corps ! C'est bien la peine d'être le résultat miraculeux de quatre milliards d'années d'évolution pour même pas être foutu d'emmagasiner un peu de chaleur pendant cinq minutes pour m'éviter d'avoir à me sécher en plein vent avec une serviette pleine de sable qui gratte !

Au bout de deux heures de bons et loyaux services, j'estime avoir bien mérité de la patrie. J'ai droit au délit de fuite vers des endroits plus hospitaliers comme un bar-tabac avec baby-foot.

Il faut que je file avant qu'on me fasse le coup de la promenade jusqu'au phare.

Faire un pas, puis un autre, avec en point de mire toujours ce phare, rien que ce phare désespérant, qui, une fois qu'on sera devant, se révélera être un phare, ce qu'on avait pressenti depuis le début, très peu pour moi. Surtout, qu'est-ce qu'on fait quand on y est, au phare ? Rien et il faut se retaper le chemin en sens inverse.

Si on veut me signifier par là que l'on n'est pas contre un moment de romantisme, je le préfère allongé sur les draps de la chambre de l'hôtel, sous les pales d'un ventilateur qui brasse paresseusement un air gluant, comme dans *SAS*.

Le prétexte pour me sauver, il est toujours le même.

— Je vais acheter les journaux.

— Tu ne peux pas te passer de journaux même pendant les vacances ? Profite plutôt du soleil !

Voilà encore une chose que je déteste : qu'on m'oblige à profiter du soleil simplement parce qu'il est là. Et si je n'ai pas envie d'en profiter, du soleil ? Trois semaines que je le subis, le soleil ! Avec ses rayons à la con ! Je hais le soleil ! J'abomine le soleil ! Je l'exècre, cet astre de vie ! D'accord, je le sais, que sans Lui la Terre ne serait qu'un océan de méthane liquide ! Mais, au moins, pas de touristes et pas de surfeurs !

Passant outre cette remarque, je me lève.

Et l'horreur commence.

Je dois enfiler mon pantalon et mes tennis (ou mocassins noirs si je suis président de la République), évidemment pleins de sable.

Parce qu'à la plage, du sable, il y en a partout. C'est même son principe à la plage. Dans les lunettes, au fond des poches, dans les rainures du goulot de la bouteille de Vittel, dans le bouchon du tube de crème Nivéa aux protéines amino-hydratées indice 14, sous les ongles, dans les poils, dans les oreilles, dans la bouche, dans le slip et le soir dans les draps.

Et, bien sûr, entre les doigts de pieds.

Il est primordial de l'enlever pour éviter que ça gratte dans les tennis.

J'entreprends donc consciencieusement cette tâche.

Ça ira vite, ça fait longtemps que je suis sorti de l'eau, mes pieds sont secs.

L'inconscient.

Les pieds ont l'air sec, mais ce n'est qu'apparence. C'est le sable du dessus qui est sec. Mais que dire de celui qui, en contact direct avec la peau et protégé du soleil par une fine couche de sable sec, est de ce fait encore humide ?

Et plus on en enlève, plus il y en a. Car ce beau sable blanc s'est mélangé à la crème indice 14 dont j'ai encore les mains pleines, ayant oublié de les nettoyer. Et ça donne une ignoble bouillasse qui colle partout.

L'angoisse monte.

Je dois me rendre à l'évidence. Il est impossible de se nettoyer les pieds. Il faudrait attendre des heures que ça sèche tout seul, surtout maintenant que c'est gras. Au-dessus de mes forces.

Jc décide alors une révision déchirante de mon dispositif. Seule solution : retourner dans l'eau, juste au bord, là où le sable est si mouillé qu'il ne colle pas. Aussitôt dit, aussitôt fait.

Quel plaisir de se tremper les pieds dans la mer, et de sentir sous la plante l'eau qui se retire, vous laissant seul, les jambes arc-boutées sur le sol, les doigts de pieds plantés comme des griffes dans les sables mouvants. Je suis Steeve Reeves dans *Le Colosse de Rhodes*.

Mais assez d'embrasements charnels. Je ne suis pas là pour m'abandonner à ma sensualité débordante mais tout simplement pour me nettoyer les pieds.

Les voilà propres. Mais comment retourner à ma serviette sinon en retraversant le sable et en s'en mettant encore plus, vu que maintenant les pieds sont entièrement mouillés ?

Quelle patate je fais ! J'aurais dû aller au bord de

l'eau avec ma serviette et mes tennis. Je me serais séché sur place puis je les aurais enfilées et quitté la plage, ni vu ni connu j't'embrouille !

Je retourne chercher ma serviette.

Au passage, je n'hésite pas, j'enfonce mes pieds dans la sable, bien plus qu'il est nécessaire, je m'en mets partout, j'en profite, je m'en fous puisque je vais retourner dans l'eau ! De quel détachement j'arrive à faire preuve dans une situation aussi critique ! C'est à ça qu'on reconnaît les vrais aventuriers et les athlètes de haut niveau.

— Qu'est-ce que tu fais, tu n'es pas encore parti ? demande celle qui est toujours allongée, et qui n'a pas bougé depuis tout à l'heure.

Je préfère ne pas répondre, ça frise la provocation.

Me voilà à nouveau au bord de l'eau. La stratégie est simple : rincer d'abord le pied gauche, l'essuyer en restant en équilibre sur le droit ; une fois sec, l'introduire dans la chaussure adéquate et recommencer avec l'autre pied.

Mais de la théorie à la pratique, il y a parfois un gouffre, les technocrates de Bruxelles le savent bien.

Premier problème : Où la mettre, la serviette ? Sur le sable ? Impossible ! Les grains s'incrusteraient dans les petits nœuds du tissu et je me sécherai à la toile émeri.

Je dois la mettre sur mon épaule en la surveillant pour qu'elle ne s'envole pas.

C'est parti. Ça se passe pas trop mal. Mais ça se corse quand j'en arrive à l'enfilage de la chaussure. Je n'avais pas pensé à la positionner juste devant mon pied pour qu'une fois sec je m'y glisse sans effort. Non, ayant bougé, les chaussures sont perpendiculaires et dans le mauvais sens : le pied gauche devant la chaussure droite et vice versa. Et à l'envers, qui plus est. Damned ! Échouer si près du but !

Ne compter que sur soi. Inutile de penser trouver un allié dans cette foule de veaux amorphes. Je suis seul. Incompris. C'est en moi-même que je trouverai les ressources nécessaires pour aller au bout. Sautiller sur un pied, ne pas tomber, me tordre le pied pour le faire glisser dans la bonne chaussure, sautiller encore, surtout ne pas tomber... C'est fait !

Ce que j'ai fait, aucune bête ne l'aurait fait.

Il n'y a plus qu'à recommencer avec l'autre pied. Ça marche ! J'ai les pieds dans les tennis ! Dans quelques minutes je serai sauvé ! Je me vois déjà, attablé devant une bière en train de lire mon *Libé* si chèrement payé ! Ah qu'elles seront belles à dévorer les nouvelles ! Catastrophes, guerres, affaires de corruption ! Et l'édito ! Et les crimes ! Et les faits de société ! Même les pages culture, avec le dernier groupe néo-rap-funky-groovy-trashy, événement majeur de la scène française, que je saute en général allégrement ! Comme je vais les déguster !

C'est alors que je m'aperçois que j'ai oublié d'enfiler mon pantalon.

Je me sens brusquement très las.

Alentour, calme et volupté. Personne ne se doute de ce qui se joue à un mètre. Drame solitaire et muet au milieu du bonheur général. La femme ou la compagne est là, si proche, si loin. Que peut-elle comprendre ?

Je ne me sens pas l'énergie de recommencer toute l'opération. Enlever une chaussure, enfiler une jambe de pantalon remettre la chaussure, enlever l'autre, enfiler la deuxième jambe du pantalon... Ça n'a l'air de rien, assis confortablement sur une chaise longue. Mais quand on est au cœur de l'action, c'est une autre paire de manches.

Que faire ? Traverser la ville dans mon vieux maillot-short d'il y a dix ans et en tennis ? Plutôt mourir. Mais je ne peux pas non plus rester là, au bord de cette plage, à m'interroger. Bientôt le soleil se couchera, les gens rentreront et je resterai seul dans le froid naissant, mon pantalon à la main.

C'est alors qu'une idée me vient : si je m'asseyais ? Les pattes en l'air, en équilibre sur les fessiers, l'opération serait facile à réaliser, même pour quelqu'un au bord du désespoir.

Au moment où je m'assois, je me rends compte de mon erreur. Trop tard. J'ai maintenant une grosse tache de sable mouillé sur mon fondement. Je vais donc avoir les fesses mouillées tout le reste de la journée. Qui plus est, la tache va traverser mon pantalon. Pantalon clair, tache sombre sur le cul, bravo ! Pour quelqu'un qui ne voulait pas se faire remarquer, bien !

Retirer le sable du maillot mouillé est impossible.

Je vais donc boire le calice jusqu'à la lie. C'est même avec une sorte de jubilation suicidaire que j'enfile mon pantalon, la sensation de froid granuleux m'envahit puis se stabilise, compensée par ma chaleur perso.

Je me dirige vers la Maison de la Presse, sentant les regards de la populace grimaçante rivés sur mon derrière. Vous croyez que je me suis pissé dessus ? Croyez-le, bande de médiocres, qu'est-ce que ça peut me foutre !

Bien sûr, je relativise. Tout ça n'est rien à côté de vrais drames humains, comme quand, en montagne, la neige s'insinue insidieusement entre votre chaussure et votre chaussette.

Demain, je vais encore guetter les nuages.

24

Dans ma tête, ça tourne comme dans un cyclotron. Je n'arrive pas à trouver le sommeil. Est-ce à cause de la situation (dramatique) dans les territoires occupés ? Du drame tchétchène ? Des OGM ? De l'ESB ? De la mondialisation qui laisse tant de gens sur le carreau ? Nenni. Aurais-je tout perdu, va-t-on saisir mes biens ? Non plus. Ma femme m'a-t-elle largué pour un moniteur de surf ? Pas le moins du monde. J'attends des résultats d'analyse pour une éventuelle maladie incurable qui transformerait mes neurones en fraises Tagada ? Nullement.

Alors ?

C'est la voiture. Elle faisait un bruit.

Rrrr rrr rrr rrrr.

Ce n'est pas le moment qu'elle nous lâche. Comme s'il y avait un moment pour qu'elle nous lâche. Et si elle ne démarre pas, demain matin ? Et si elle tombe en panne à Chailly ? Quelle merde ! On aurait dû changer la courroie à 60 000 km et on en est au moins à 70 000. On est con, il y en a pour 900 francs mais si la courroie pète, c'est le moteur qui est foutu. La courroie tourne dans ma tête. La courroie qui entraîne les pistons. Est-ce la courroie qui entraîne les pistons ou les pistons qui entraînent la courroie ? Courroie, piston. Piston, courroie. Au fait, c'est bien la courroie qui est en cause ? Pourquoi je me pose la question, j'y connais rien... Pas de panique, il y a toujours la vieille Clio... Mais des chiffres valsent dans mon crâne : 60 000, 70 000, 900, c'est une sarabande infernale de courroie et de pistons, rrrrrrr, chiffres, moteur, tête du garagiste, quel drôle de nom, Poirier, pour un garagiste, son atelier au fond d'un passage, il faut faire marche arrière, marche avant, l'entrée est étroite, la dernière fois j'ai rayé mon rétro, pas oublier de le rabattre, marche avant, marche arrière, marche avant, marche arrière...

Stop. Il faut que j'arrête ça. Que faire ? Me lever, aller au salon, lire ou regarder un film ? Ce serait reconnaître la victoire de l'idée fixe. Et puis c'est inquiétant, de se lever la nuit. Dans le noir, il se passe souvent des choses pas très catholiques. Les rideaux peuvent se transformer en loups et les fauteuils en dragons. Non. Je veux la battre, la terrasser sur son terrain, cette putain de rumination.

Je m'assois dans mon lit. Ça se fait dans les films, quand on sort d'un cauchemar. Si ça marche dans les films, pourquoi ça ne marcherait pas en vrai ? À côté de moi, une respiration longue et calme, signe d'un profond sommeil, accentue ma solitude dans cette épreuve nocturne. Aucune aide à chercher de ce côté-là. C'est seul que je devrai affronter les démons de la nuit.

Mais j'ai beau faire, me tourner dans un sens, dans un autre, chercher un peu de frais dans un recoin encore inexploré de la couette, rien à faire.

D'autant que, enhardies sans doute par ma faiblesse passagère, d'autres idées stupides pointent le bout de leur nez.

Il y a d'abord le pli dans le drap du dessous. Je le sentais vaguement, maintenant le voilà qui me hante. Je ne pense plus qu'à lui, ce con. C'est lui, la raison de tout ! Le fauteur de trouble ! L'empêcheur de dormir en rond ! Ça fait une sorte de bourrelet qui me rentre dans la hanche. Si ça se trouve, si je n'interviens pas dans les plus brefs délais, j'aurai la circulation coupée dans les jambes. Et bonjour l'embolie pulmonaire, comme dans les avions.

Je m'arc-boute sur les talons et les chevilles, pour laisser un jour sous mes fesses, dans lequel je passe la main pour lisser le drap. Mais cela ne fait que déplacer le pli vers le bas. Il était sous ma hanche, le voilà sous le mollet. Je crois même qu'ils sont deux maintenant car celui de la hanche, bien que moins marqué, est toujours là.

Devrai-je en arriver à des solutions extrêmes ? Me lever, et refaire entièrement le lit dans le noir ?

Car je sens aussi que la couette fait une boule. Sous l'action de la pesanteur, la couette est insensiblement attirée vers le sol et s'enroule sur elle-même au pied du lit. Ce qui fait qu'elle a déserté le haut de la housse, qui n'enveloppe plus que du vide, alors qu'il est si agréable de se pelotonner la figure dans un amas cotonneux. Faudra-t-il aussi replacer la couette dans sa housse bien comme il faut ? Toujours dans le noir ? Je ne veux pas en arriver à cette extrémité, mais tout mon corps crie : « Oui ! Fais-le ! »

Je sais que je ne trouverai plus le repos tant que cette histoire de literie ne rentrera pas dans l'ordre. Et pourtant jusqu'ici, ce qui m'empêchait de dormir, c'était la courroie qui faisait un bruit. Le problème s'est-il déplacé ? Ou l'affaire de la couette ne sert-elle qu'à occulter celle de la courroie ?

Je n'en sais rien. Mais toujours est-il que, toute affaire cessante, je dois :

1 – Éliminer les plis dans le drap du dessous.

2 – Égaliser la densité de la couette dans sa housse.

Je me lève dans la pénombre. À côté, ça respire toujours aussi calmement. Voilà qui m'horripile. Comment ose-t-on dormir quand je ne dors pas ! Quelle outrecuidance ! Cela frise la provocation ! Voilà donc le peu de cas que l'on fait de mes problèmes. Cela en dit long sur l'état de la communication dans le couple.

Je soulève ma partie de couette, en faisant attention à ne pas soulever celle de ma voisine. Je tire le drap, qui a déjà l'air parfaitement tiré, ce qui ne laisse pas de m'inquiéter. La cause du pli serait-elle à rechercher ailleurs ? Dans une imperfection du matelas ? Ou dans le tissu du drap, trop lisse et qui glisserait ainsi sous le frottement répété des pieds ? Et si l'origine de tout se situait sous celle qui partage ma couche ?

Je contourne le lit pour aller de son côté, tirer sa partie de drap du dessous. Opération délicate, vu le poids. Je ne tire presque rien, mais je tire quand même, histoire de me dire que je n'ai pas fait le tour du lit pour rien. Et puis je suis un incorrigible optimiste.

Maintenant la couette. Ne risqué-je pas de la réveiller ? Je ne peux pas la tirer moitié par moitié. Une couette est un tout, indivisible. On tire tout ou on ne tire rien.

Je la défais par le bas, délicatement, et la secoue comme un drap, espérant que, sous l'effet de l'onde de choc, l'excès de couette qui faisait masse vers les pieds remontera vers le haut. Ce que la pesanteur a défait, pourquoi ne le referais-je pas, si j'applique une force d'égale intensité mais de sens opposé ?

Je vais vérifier. Ça a marché ! J'ai défié les lois de la physique ! Aurais-je découvert un nouveau théorème, le théorème de la couette ?

Soyons modeste : la réussite n'est pas totale, mais ça suffira pour la nuit. Demain, les grands remèdes : reconstruction totale de l'ensemble.

Je retourne me coucher. Quel délice ! La couette est remontée, je peux me pelotonner le visage en elle, et le drap du dessous est lisse comme une patinoire. Et d'une fraîcheur ! Plus rien ne s'oppose à mon sommeil.

Je ferme les yeux comme un bienheureux.

Pour tâter le terrain, je repense à la courroie. Juste pour vérifier. La courroie, c'est fini. Ouf.

Maintenant, c'est la chaîne.

Qu'est-ce que je fais, avec cette putain de chaîne ?

Cette lettre qu'on reçoit périodiquement, qui nous enjoint sur un ton menaçant de la renvoyer à douze personnes pour ne pas briser la chaîne, sinon il va nous arriver malheur.

Ça fait dix jours. Pourquoi j'y repense, là, maintenant ?

La lettre tourne et retourne dans ma tête. X, berger péruvien, a brisé la chaîne, il est mort mystérieusement... Z, marin écossais, a renvoyé la lettre, le lendemain il héritait de quatre millions... T, moine espagnol, a renvoyé la lettre et a échappé à un accident d'avion.

Qui m'a fait le coup ? Qui est ce moine T ? Pourquoi toujours des moines ou des bergers, dans ces lettres, et jamais des profs de fac ?

Il faut que je la renvoie. S'il m'arrivait malheur, je n'aimerais pas me dire que ça ne se serait pas produit si je l'avais fait. Faire des photocopies. Douze. Et douze enveloppes. Écrites à la main. Douze aussi. Et douze timbres. À qui les adresser ? À Gérard ? Non. S'il me dit : « J'ai reçu une chaîne, quel est l'enfoiré qui m'a fait ce coup-là ? » Je me troublerai, il se doutera de quelque chose. Et si lui-même veut me la réexpédier ? Je serai alors prisonnier de deux chaînes ? Non. Il faut les envoyer à des gens que je ne connais pas. Et s'ils la montrent à des gens qui connaissent mon écriture ? Et si on fait analyser mes empreintes ? Et mon ADN dans la salive qui a servi à coller les timbres ? Il ne faut pas que le mec du Copy Shop puisse lire la lettre, il pourra se souvenir de moi. Il faut que j'aille dans un self-service. Que je photocopie en cachette. Pas trop non plus, on risque de se dire qui est ce type qui photocopie en cachette ? Il faut que je change de quartier. Il faut...

Le lendemain matin, je raconte le drame nocturne à celle qui partage ma couette. Sans même cesser de tourner sa biscotte, elle me dit : « Ce n'est rien, tu dois manquer de magnésium. »

C'est tout ? Pas plus grave que ça ? Juste un manque de magnésium ? Même pas une bonne psychose maniaco-dépressive ? Ou un délire de Korsakoff ? Alors au moins une petite névrose de derrière les fagots ? Non ? Rien ? Je suis déçu, j'espérais mieux.

La voiture ? Il n'y a qu'à la montrer à Poirier. La lettre ? Ni envoi ni poubelle. On la laisse dans le tiroir.

Pas plus compliqué que ça.

25

Attendre des années n'est rien. C'est attendre cinq minutes qui est insupportable.

Mardi. Mon train part à 14 h 12. Il me suffit de partir de chez moi à 13 h 45. Exceptionnellement, je suis prêt, mes affaires sont dans mon sac, tout a été vérifié et revérifié, papiers dans poches, clés aussi et argent itou. Je suis même habillé et chaussé. Or il n'est que 13 h 30.

Que faire de ces quinze minutes ?

Rien.

Je n'ai rien le temps de faire. Comme par hasard, j'ai justement envie de faire plein de trucs. Mais je ne peux rien commencer, je n'ai qu'un quart d'heure ! C'est rageant. Je pourrais me livrer à des tas d'activités enrichissantes, comme ranger mon bureau, commencer un livre, apprendre la guitare, Word 98 ou faire de la gym. J'aurais pété la forme, en plus, je le sens ! Eh bien non. C'est invraisemblable qu'on me trouve toujours un train à prendre quand j'ai envie de faire plein de trucs.

Je vais donc ne rien faire. Penser à rien.

Curieuse impression d'être en avance pour celui qui est toujours en retard.

Je suis comme entre parenthèses.

Finalement, si j'avais été à la bourre, comme d'hab,

je n'aurais pas éprouvé cette impression de vacuité. Au contraire ! Pris dans un tourbillon d'angoisse avec suspense à la clé : notre héros arrivera-t-il à temps pour sauter dans le 14 h 12 ? Alors que le sort du monde est en jeu ? Nous ne le saurons qu'à la fin de l'épisode, ami lecteur. En attendant, quelle émotion ! Insoutenable. Ils peuvent aller se rhabiller, dans *Quarante-huit heures pour vivre* ou *Sept secondes pour mourir* ! Avec moi, pas besoin de poursuite en bagnoles, inutile de renverser des piles de cartons ou des poubelles vides en gros plan ! Le trajet rue des Petits-Carreaux gare de Lyon par la ligne 2 du chemin de fer métropolitain suffit largement. Et à petit budget, en plus !

Je tourne en rond.

Prends un objet, le repose. Me dis qu'il faudrait recoller ça, accrocher ceci au mur. Réparer la douche.

Tiens, si j'appelais Christophe ?

C'est parti. Mais il me dit : « J'ai un double appel, tu peux me rappeler dans deux minutes ? » OK.

Je raccroche. C'est le jour. Que faire de ces deux minutes ? Regarder le téléphone ? Ça va, je le connais. Chronométrer deux minutes pile ? Appeler quelqu'un d'autre ? Qui me dira aussi rappelle dans deux minutes ? Il me faudra un agenda spécial des gens à rappeler dans deux minutes...

Et d'abord pourquoi est-ce à moi de rappeler ? C'est à lui de le faire, quand il aura fini. Tout ça pour me faire le coup du mec qui n'a pas une seconde. Et moi, comme un con, je lui dis OK, je te rappelle !

C'est vrai, c'est toujours bien le coup double appel, ça donne l'impression d'être très sollicité. Un autre appel, au moment précis où j'appelle ? Ça ne peut pas être une coïncidence. Ce mec est complètement débordé ! J'ai l'air nul avec mes trois malheureux appels par jour !

Et deux minutes, ce n'est jamais deux minutes pile.

C'est environ une deuxaine de minutes. Jusqu'à trois. De quatre à six, on dira plutôt cinq minutes. Eh bien moi, je rappelle dans sept minutes. Faut pas déconner ! Mais si entre-temps il a pris un autre appel et qu'il me dit : « Je t'avais dit deux minutes » ? Non, sept minutes, c'est trop long, je risque d'être en retard.

Finalement, je rappelle Christophe pour lui dire que non, je ne peux pas le rappeler dans deux minutes, que j'ai un train à prendre mais qu'on se rappelle très très vite, à plus.

Tiens donc ! Moi aussi, je peux être débordé, si je veux !

Je décide de partir à la gare. Mais je ne fais que déplacer le problème. Le quart d'heure d'avance que j'avais à la maison, je le retrouve à la gare.

J'erre dans la salle des pas perdus. Mais attention ! je n'ai rien à voir avec ceux qui errent vraiment, SDF, RMIstes, vagabonds, clodos, cloches, marginaux, tous ces voyageurs dont le voyage s'arrête là où celui des autres commence. Nous n'errons pas de la même façon. J'erre avec élégance, ils zonent ; je flâne, ils rôdent. Qu'est-ce qu'ils attendent ? Où vont-ils ?

Je passe devant un présentoir. Machinalement, je regarde les horaires pour Chambéry. Pourquoi Chambéry ? Je n'ai aucune intention d'aller à Chambéry. Je repose le papier. Puis j'ouvre un dépliant sur le TGV. Des photos. Une voyageuse très comme il faut se repose dans un compartiment beaucoup plus vaste que ceux dans lesquels j'ai voyagé. À ses côtés, un homme, brushing années 50. M'étonnerait que ce soit son amant. Ou un type qu'elle a rencontré au bar du TGV et avec qui elle vient de connaître dix minutes de plaisir vivifiant dans les toilettes. Non. Pas le genre de la SNCF. C'est sûrement son mari. Ils ont 1,7 enfant et un revenu de 320 KF. Le contrôleur les contrôle en souriant. Un homme mûr, sérieux, qui aime son métier.

3,2 enfants, 120 KF. Une hôtesse leurs sert des plateaux repas comme aucun voyageur n'en a jamais vu dans aucun TGV. Zéro enfant, 80 KF.

Si j'allais voir les journaux ? Ça, c'est une riche idée ! Il y a plein de journaux qu'on ne feuillette jamais ailleurs que dans les gares. Ou chez le dentiste. Où sont les journaux de cul ? Qu'on ne se méprenne pas, je ne suis pas un obsédé sexuel. Non, mesdames et messieurs, je suis juste en avance ! Je devrais me fixer un panneau sur la tête : « Voyageur en avance parcourant les journaux de cul pour patienter. »

Malheureusement ils sont tous sous cellophane.

Je me demande d'ailleurs qui les achète. On ne voit jamais personne lire un journal de cul dans le train. Plutôt *Le Figaro*. Ou *Le Monde*. Ou *Elle*.

Je feuillette. *Que choisir ?* Tiens, des tests sur les magnétoscopes 4-têtes stéréo. Le Thompson HT 642230 SW obtient le meilleur rapport qualité-prix. Bravo ! Mais je n'ai pas besoin de magnétoscope et quand j'en aurai besoin, il n'y aura plus de test. Je ne vais pas noter tous les tests au cas où j'en aurais besoin dans un an ! Il y a des gens qui notent tout et je pourrais moi-même le faire dans mon organizer à 2 390 francs. Mais à quoi bon ? Dans un an, il ne sera plus fabriqué cet HT 642230 SW, remplacé par un HPWt 6214 SV. Sans test.

Quelle heure est-il ? Il faut que je sorte du kiosque pour aller voir l'heure officielle de la SNCF. Quelle confiance puis-je avoir en celle que je lis sur mon portable ? je l'ignore. Ça ne rigole plus.

13 h 55. Ça va, j'ai le temps, les quais ne sont pas loin. Je retourne aux journaux. *L'Express*. Les vrais prix de l'immobilier dans Paris. Avant, ce n'était pas les vrais ? J'ai l'impression de revoir cette couverture chaque semaine. Voyons. Dans le IIe arrondissement, par exemple : 15 842 francs le m². Ça, c'est précis.

Existe-t-il vraiment un seul appartement à 15 842 francs le m^2 dans le secteur ?

Je reviens à l'heure. 14 h 04. Déjà ! J'aurais cru moins. C'est ça, le danger de la lecture en gare, on n'a pas vraiment le loisir de s'abandonner au délice du feuilletage, il faut vérifier l'heure sans cesse. L'abandon à des délices, quelles qu'elles soient, nous donne une mauvaise appréciation du temps.

J'y retourne. Encore un petit coup d'immobilier. Je reviens à l'horloge. 14 h 06. J'aurais cru plus. Finalement c'est assez chiant.

Retour aux journaux. *Capital*. Les vrais revenus des hommes politiques. Ah ! On va en apprendre, des choses ! 40 000 francs par-ci, 30 000 par-là, on comprend mieux leur dévotion à la collectivité ! Et vas-y que je te prenne ma femme comme assistante à 20 000 ! Et ma fille à 15 000 ! Et mon gendre à...

Quelle heure ?

14 h 11 !

Merde ! Je n'ai plus qu'une minute !

Voilà que je dois foncer, maintenant ! Le trajet est plus long que je ne le pensais. Pourquoi je ne me suis pas installé dans le kiosque juste à côté de la voie ?

Je cours comme un dératé.

Ça y est, je suis sur le quai, je dépasse d'autres dératés. Et eux, quelle est la raison de leur dératage ? *Entrevue* ? *Newlook* ? *Écho des savanes* ?

Je saute dans le dernier wagon.

J'ai failli rater mon train.

La prochaine fois, je partirai en retard.

26

S'il y a bien une chose que je ne supporte pas, c'est la mouche. Et pas n'importe quelle mouche.

La grosse mouche noire.

Les abeilles, ça va, cela a un petit côté champêtre et butineur, les moustiques, pourquoi pas, ça rappelle les vacances ; même les mites, je les préfère. Je vois une mite et aussitôt apparaît une grand-mère à confitures, chez qui, enfant, on passe ses vacances ; il y a une armoire de grand-mère, pleine de linge de grand-mère, rêche et lourd, bien repassé, avec des bouquets de vraie lavande entre les piles de draps. Une mite, on en voit une, on lui court après, c'est presque un jeu, on l'écrase entre les mains et ce n'est pas dégoûtant. Ça tombe en poussière, on dirait que ça n'existe pas, ou si peu.

Mais écraser une mouche entre les mains !

Beurk.

La femme qui partage avec moi le meilleur et le pire est tranquillement assise en train de bouquiner. Moi aussi. En fond sonore, ça gesticule sur l'écran de la télé. Je crois entrevoir des ex-taulards qui se confessent, à moins que ce ne soient des pédophiles repentis avec perruques et lunettes de soudeurs.

De temps en temps, une petite caresse distraite l'un vers l'autre. Un sourire furtif.

Le bonheur semble parfait.

Brusquement, ça commence.

Zzz zzz zzz zzz...

La voilà qui arrive d'on ne sait où. Elle vole en zigzag n'importe comment, on a vraiment l'impression qu'elle ne sait pas où elle va, cette grosse gourde. Elle se pose. Pourquoi là ? Elle doit se le demander aussi puisqu'elle repart aussi sec.

Zzz zzz zzz...

Je ne peux plus lire. J'ai le nez sur mon livre mais l'œil est ailleurs. Et l'oreille aussi. Attirée que par ce zzz zzz. Va-t-il cesser ? Et, dès qu'il cesse : quand va-t-il recommencer ? Tout de suite ? Dans trente secondes ? Et surtout où est-elle, la mouche ? Rien n'est plus énervant que d'entendre ce zzz zzz et de ne pas pouvoir en localiser l'origine.

L'épouse dévouée et attentionnée est dans la même position, le livre devant les yeux mais les yeux pas devant le livre. En coin, ils essaient aussi de localiser la mouche. Mais le livre n'a pas bougé des mains, comme pour conjurer la catastrophe qui risque de s'annoncer ; comme pour dire : « Cette histoire de mouche n'est qu'un épiphénomène, la vie continue, ce n'est pas cette bestiole qui va nous pourrir la soirée. »

— C'est énervant, fait-elle avec un demi-sourire.

La revoilà ! Elle se cogne à la vitre ; et repart. Évidemment, elle ne connaît pas le principe de la vitre. Qu'elle s'y cogne une fois, OK. Mais pourquoi remet-elle ça une minute plus tard ? Elle n'a pas compris ? Et elle se recogne ! Et re-recogne ! Elle est vraiment con, cette mouche !

Tiens, plus de zzz. Elle a dû se poser. On voudrait croire, crédule que l'on est, qu'elle s'est endormie. Tu parles ! La voilà qui repart. Au moins si on savait ce qu'elle cherche. À manger ? À boire ? Un truc à butiner ?

Je la vois ! Elle se dirige vers la grosse lampe !

Non pas ça !

Si.

La voilà coincée dans l'abat-jour. Prise au piège.

Le pire est arrivé.

Car le zzz zzz n'est rien à côté du ZZZ POC ! ! ZZZ POC ! ! ZZZ POC ! ! amplifié mille fois par l'abat-jour qui fait caisse de résonance.

Elle fera vraiment tout pour nous faire chier ! Mais tu ne te rends pas compte, ex-larve, que ce n'est pas en te cognant partout que tu t'en sortiras ? Réfléchis une seconde, espèce de diptère de mes fèces !

Mais non, elle a décidé de cogner, elle cogne. Pour la faire sortir de ce labyrinthe, ça va être coton. Si elle n'est pas foutue de comprendre le principe de la fenêtre, je ne vois pas comment elle comprendrait celui de l'abat-jour.

Et badaboum dans l'abat-jour ! Si tu n'étais pas attirée par la lumière, grosse pouffe de mouche, tu piquerais en plongée et tu t'en sortirais ! Gourdasse !

— Par où elle est entrée ? je demande.

C'est vrai, ça ! Les fenêtres sont fermées et brusquement on entend une mouche. Depuis combien de temps est-elle dans la maison ? Est-elle née ici ? Dans ce cas, y aurait-il un nid de mouches qu'il conviendrait d'éradiquer ? À quoi ça peut ressembler, un nid de mouches ?

— Qu'est-ce que ça peut faire, par où elle est entrée ! L'essentiel c'est de la faire sortir !

Elle a raison comme d'hab.

Le temps n'est plus aux réflexions, aux supputations ou aux spéculations philosophiques sur l'origine de la mouche. Il est à l'action. Elle est entrée, elle doit sortir.

Tous les moyens seront envisagés : des plus brutaux (écrasement, assassinat) aux plus subtils : la diriger vers la fenêtre pour qu'elle aille emmerder une autre famille française.

Branle-bas de combat.

Les livres sont posés. Les fauteuils repoussés, les vases écartés, il faut faire place nette. Des mouvements incontrôlés ne sont pas à exclure. Nous sommes tendus sur nos jarrets, prêts à bondir.

Un visiteur pourrait s'inquiéter : pourquoi ce remue-ménage ? Une invasion d'abeilles tueuses ? Une apparition de scorpions venimeux ? D'animaux légendaires ?

Non, une mouche.

Je m'empare d'une revue que je roule en une sorte de tuyau. Je m'approche de l'abat-jour.

Soudain, plus de bruit. Comment est-elle sortie ? Par hasard, bien sûr, en gesticulant n'importe comment, elle serait bien incapable de recommencer.

Ouf ! Quel silence !

Mais le répit est de courte durée car elle est maintenant au plafond dans la célèbre position dite de la mouche au plafond. Je n'hésite pas. Je monte sur une chaise brinquebalante. Il s'agit de s'élever lentement et sans à-coups. L'épouse aimée la tient par le dossier. Nous faisons corps. Belle composition ! On dirait une statue grecque : Hercule et Théa luttant contre un dragon à tête de mouche.

Ça y est, je suis tout près d'elle.

— Elle fait sa toilette, c'est de la provocation, je murmure.

J'arme mon bras.

Vous croyez qu'elle s'envolerait quand je suis en train de grimper, pour m'éviter des acrobaties inutiles autant que ridicules ? Bien sûr que non ! Elle attend le dernier moment ! Le journal claque au plafond, on croit l'avoir eue, le temps suspend son vol, on est plein d'espoir, et brusquement zzz zzz à l'autre bout de la pièce ! Et tout ça pour quoi ? C'est clair ! Pour narguer le tapeur ! L'énerver et lui faire faire n'importe quoi ! Des gestes inconsidérés dont le résultat final sera un vase par terre !

— L'écran..., me souffle-t-on à mi-voix, comme si la mouche comprenait le français.

À peine debout sur la chaise, il faut redescendre. La mouche est en effet sur l'écran de la télé.

La voilà qui se balade sur la bouche de l'animateur. Tout étonnée d'avoir atterri là, elle ne bouge plus, peut-être fascinée par la vacuité du programme qui se déroule sous ses pattes. S'endormira-t-elle le nez sur la télé, comme les humains ?

— Vas-y ! Tu peux l'avoir !

Elle a hurlé. Je la regarde stupéfait. Un rictus tord ses lèvres purpurines. Elle jouit à l'avance de la vision de la mouche écrasée. Je ne la savais pas pleine d'une telle violence.

La stratégie de l'écrasement est délicate à mettre en œuvre. L'idéal : assommer la mouche pour qu'elle tombe par terre, puis la faire glisser sur une feuille de journal et s'en débarrasser non dans la poubelle – elle pourrait se réveiller et pondre – mais par la fenêtre. C'est propre, net et sans bavures.

Mais il y a des exactions possibles. Si le coup est trop fort, il y a écrasement et son cortège d'horreur : immonde magma sur la télé avec poils et sang de mouche transportant sûrement des virus d'une fièvre inconnue, qu'on appellera « fièvre de la rue Réaumur », car c'est là que les deux premiers cas auront été identifiés. Donner son nom à une maladie, c'est bien quand on est docteur, moins bien quand on est malade.

Il faut donc taper vite – sinon la mouche s'envole –, mais en retenant son coup sur la fin. Une grande maîtrise est nécessaire. Je dois dire modestement que je la possède assez bien.

J'assène.

Et paf !

Évidemment la grosse vache s'est envolée. Le journal atterrit en plein sur la tête du pédophile qui continue sa confession comme si de rien n'était.

— Tu pouvais l'avoir !

De quoi ? Un reproche ? Des réserves sur ma façon d'opérer ? Des mouvements dans certaines catégories de personnels ? Une Fronde ?

En effet :

— C'est pas comme ça qu'il faut faire, dit-elle, il faut éteindre la lumière et ouvrir la fenêtre.

— Pas du tout, il faut allumer la lumière !

— Ça va l'attirer !

— Ça sera plus facile pour l'avoir !

— Elle va encore se faire piéger dans l'abat-jour ! Et en plus ça va faire venir des moustiques !

Moi, je pense que tout vaut mieux qu'une mouche. Je prône l'Union sacrée contre la mouche. Pour le reste, on verra après. Elle affirme, au contraire, qu'entre la peste et le choléra il ne faut pas choisir, mais les combattre tous. Il y a de sérieuses divergences sur la stratégie à l'état-major antimouche, on dirait.

Je tranche :

— On va faire comme je dis, on ouvre la fenêtre.

Aussitôt dit, aussitôt fait. Mais bien sûr, il suffit qu'on ouvre un battant pour qu'elle cogne sur celui d'à côté, car elle n'a même pas vu que l'un était ouvert et l'autre fermé !

— Pourquoi tu n'as pas ouvert les deux ?

— Et pourquoi toi, tu l'as pas fait ?

— Tu m'as dit que tu t'en occupais !

L'ambiance devient lourde. Je change délibérément de sujet :

— Pourquoi tu ne mets pas d'insecticide ?

— Bien sûr ! Je t'ai attendu !

— Alors il faut mettre quelque chose de plus fort ! dis-je, ignorant la provocation délibérée.

L'écologiste amateuse qui sommeillait en elle se réveille :

— Avec des PFC qui détruisent la couche d'ozone ?

— Ça doit bien exister sans PF machin !

— Si c'est sans PFC, c'est qu'il y a des HCF ! Les mouches les transportent et ça décime les moineaux qui mangent les mouches !

— Pour l'instant, je me fiche des HCF, des PFC et des moineaux. Tout ce que je veux c'est que cette mouche dégage de chez moi, même au risque de contaminer toute la planète !

— Tu n'es qu'un égoïste. Heureusement que tout le monde ne pense pas comme toi !

— Fous-leur une mouche dans leur abat-jour, à tes écolos et tu verras s'ils ne pensent pas comme moi ! C'est comme l'insécurité ! C'est facile de donner des leçons de tolérance aux gens de banlieue, quand on habite dans le VIIe arrondissement !

— Tu mélanges tout ! On peut pas discuter avec toi !

— Parce qu'avec toi on peut discuter ? C'est comme chez Georges, le jour où Irène...

Malignité de la mouche. Cet insecte stupide n'est peut-être pas capable de distinguer une fenêtre ouverte d'une fenêtre fermée mais est très capable de foutre la merde dans une famille française.

Soudain, la femme de ma vie me touche le bras.

La voilà de nouveau sur l'écran.

Le moment est crucial. Mon autorité a été mise à mal. Ou on se débarrasse vite fait de la mouche, et tout recommencera comme avant dans le bonheur et la sérénité, ou l'affaire s'éternise, risquant de compromettre le fragile équilibre sur lequel est bâtie une vie sociale et affective bien équilibrée.

Il s'agit d'avoir le poignet ferme. Je l'ai.

Ne pas flancher.

Paf !

Le coup a parfaitement réussi. Assommée, la mouche tombe par terre. Rapidement, elle est éjectée par la fenêtre.

Aucune trace sur l'écran.

C'est comme si elle n'avait jamais été là.

Nous retournons à nos livres.

J'ai recouvré mon autorité. Je suis redevenu le mâle.

27

Je les avais mises là ! Sur le buffet du salon ! Où sont-elles passées, ces putains de clés ? Invraisemblable. Je les pose, je vais dans l'entrée, j'enfile mes chaussures, je reviens, plus de clés. Je m'étais même dit, je m'en souviens très bien : « Je vais les poser sur le buffet parce qu'il n'y a pas de place dans l'entrée. »

Quel bordel, aussi, sur ce buffet ! Des papiers partout, des enveloppes, des factures, des tickets de carte bleue, tout ça en tas. Jamais je ne me débarrasserai de ces déjections paperassières ? Je me fais l'effet d'un enfant se levant brusquement de son pot, traînant derrière lui un long chapelet de merde, comme une queue. Sa mère lui court derrière pour l'essuyer, il ne veut pas, c'est sa merde à lui, il veut la garder ; il lui échappe, entraînant tout le mobilier dans son sillage.

Faudra ranger, un de ces jours ! Un de ces jours oui, mais là non, je veux juste retrouver mes clés. Le temps presse. Je ne suis pas encore en retard, mais ça ne va pas tarder. Je tâte les différents paquets de papelards espérant y deviner une forme dure et oblongue. Mais tout est désespérément mou. Aucune clé là-dedans.

Je ne les aurais pas emportées quand même, machinalement, dans l'entrée, tête en l'air que je suis ? Retour dans l'entrée. Rien.

Ça commence à m'énerver. Seraient-elles tombées par terre ? Car si c'est le merdier sur le buffet, dans l'entrée, c'est le souk. Des chaussures jonchent le sol. Des vêtements d'été encore suspendus alors qu'on est en novembre. Des chapeaux qu'on ne met jamais ! Une ceinture qui pendouille à un portemanteau !

J'ai beau déplacer les boîtes et soulever des couvercles, rien.

Retour au salon. L'heure tourne. Bordel ! Où sont passées ces clés ? Peut-être ont-elles glissé derrière le buffet ?

Je décolle le lourd meuble du mur, en faisant chanceler la lampe faite d'un vase chinois, posée dessus. À l'intérieur, drelins drelins inquiétants de flûtes à champagne, de verres à porto et de cadeaux de mariage dont on ne se sert jamais mais pas question de s'en débarrasser.

L'espace est désormais suffisant pour que j'y introduise la main. Je sais que je ne trouverai rien mais j'introduis quand même.

En effet, il n'y a rien. Enfin, pas tout à fait... Entre le majeur et l'index je saisis une petite vis en laiton tout empoussiérée. Merde alors ! La vis de l'appareil photo, que j'avais perdue il y a trois semaines !

Oui, mais toujours pas de clés.

Réfléchissons. Suis-je vraiment certain de les avoir eues en main en arrivant au buffet ? Ne les aurais-je pas laissées dans la chambre à coucher ?

Je ne suis plus sûr de rien. Retour dans la chambre.

Rien sur la commode. Rien sur les tables de chevet. Dans les tiroirs ? J'ouvre. Bas, collants, sous-vêtements, soutiens-gorge. Culottes. Bien sûr qu'il n'y a rien. Pourquoi irais-je cacher mes clés dans des tiroirs que je n'ouvre quasiment jamais ? Peut-être que je les ai posées quelque part en allant de la chambre au buffet.

D'abord, est-ce que j'y suis allé directement à cet enculé de buffet ? Oui. Non. Sais plus. Réfléchissons...

Je n'aurais pas fait un petit détour par les toilettes ? Si ! Je pisse toujours avant de partir ! C'est machinal ! Même si j'ai pissé il y a une demi-heure, je rebalance un petit coup de marquage de territoire vite fait sur le gaz. Toujours. C'est mon côté félin.

Je retourne là-bas, sans y croire. D'un coup d'œil circulaire autant qu'avisé, j'embrasse le paysage chiotteux. Rien sur la chasse d'eau. Je secoue les rouleaux de pécu, rien non plus.

Et après les toilettes ? Suis-je allé directement au buffet ? Je n'aurais pas d'abord mis le répondeur en service, moi ? Je ne sais plus si j'y suis allé ou pas, vers ce répondeur... Je peux toujours jeter un coup d'œil, il est à deux mètres. Mais je ne veux pas. Trop d'échecs ce matin. Un de plus, je ne sais si je le supporterai.

J'y vais... J'approche de la petite table ronde... Les objets commencent à prendre forme... Le téléphone, le répondeur, le fax, un petit vase, un bloc pour noter, des Bics...

Je savais bien qu'il n'y aurait rien. Pourquoi y suis-je allé ?

Reprenons tout à zéro.

Qui est la dernière personne à les avoir vues vivantes, ces clés ? Moi. Et quand ? Hier soir, puisque je suis rentré. Et que je ne suis pas ressorti. Je ne les ai donc pas perdues au-dehors.

C'est déjà positif.

Positif, oui et non. On me les aurait volées dans la rue, normal, rien de surhumain. Mais se les faire piquer chez soi ! Sans traces d'effraction, qui plus est ! Ils seraient donc entrés, auraient volé mes clés puis réparé la serrure pour que je ne me doute de rien ? Peut-être m'ont-ils volé d'autres choses qu'ils ont remplacées par des copies ? Peut-être tout n'est-il plus que copie, chez moi ?

Au fait, les avais-je vraiment, hier soir ? Je ne

confonds pas avec un autre jour ? Et si je ne les avais pas, comment suis-je rentré ? D'ailleurs est-ce vraiment moi qui suis rentré ? Et si ce n'est pas moi, qui est à ma place ? Et moi, où suis-je en ce moment ? Et qui est ici, chez moi, en train de bouger avec mon corps, de penser avec mon cerveau ?

N'est-ce pas effrayant de savoir que des entités surnaturelles se jouent de vous ? Violent votre intimité et s'amusent avec les choses les plus précieuses de votre vie ?

Pourquoi ont-ils jeté leur dévolu sur moi, Terrien tout ce qu'il y a de moyen ? La réponse fuse : pour se servir de mon corps comme camp de base en vue de la conquête du monde. Ils jouent sur du velours. Qui me croirait ? C'est déjà arrivé à David Vincent et on connaît le résultat : il n'a jamais tourné d'autres films. Pourquoi pas moi ?

J'aurais donc fait une incursion dans un monde d'antimatière où l'on ouvre des antiportes avec des anticlés faites d'antimétal ?

Revenons à la matière, la vraie. Acier pour les serrures, laiton pour les clés, bois pour les portes. Et plastique pour le réveil, car ça y est, je suis en retard ! Pourquoi je m'entête à chercher ce que j'ai fait hier ? Puisque je sais que ce matin je les ai posées là, sur le buffet, ces salopardes de clés, avant d'aller enfiler mes chaussures !

Et après le buffet ? Suis-je allé directement dans l'entrée ? Évidemment, pourquoi aurais-je fait un détour pour parcourir trois mètres ? Juste pour me mettre des chausse-trappes à moi-même ? Pour m'empêcher de partir à l'heure ? Donc d'arriver à l'heure ? Pour être stressé toute la journée ? Et rater tout ce que je dois faire ? Voilà une conduite d'échec typique, bien dans ma façon. C'était donc ça !

Ma vie m'apparaît alors dans toute sa béance, sa

vacuité sidérale : un ratage complet, construite sur une seule obsession : tout rater, tout le temps et en toutes circonstances. Et il n'y a qu'un responsable : moi.

Bien.

Devant un échec aussi lumineux, deux options : un, le suicide immédiat, deux, faire comme si de rien n'était. Je choisis la deux, remettant le suicide à une date ultérieure, car une idée vient de germer dans mon esprit enfiévré.

Les poches !

Bien sûr, comment n'y ai-je pas pensé plus tôt !

Pris d'une subite pulsion fouilleuse, je décrète : perquisition immédiate de tout ce qui fait office de poche. Je suis en retard ? Alors je le serai jusqu'au bout. Tout contenant mou sera passé à mon crible : pochettes, goussets, sacs, sacoches, musettes, besaces, escarcelles. Il n'y aura pas de dérogation. Même pour les gants de toilette.

Bien sûr, rien nulle part. Je retourne alors aux tiroirs que j'ai déjà fouillés, on ne sait jamais, je n'avais peut-être pas regardé parfaitement tout très bien partout dans les coins.

La tension monte en moi. Je ne suis pas loin de jeter violemment des objets sur le sol afin de faire éclater leurs sales gueules. Leurs sales gueules d'objets inanimés. Est-ce que ça fera revenir les clés ? Non, mais ça manifestera mon désaccord avec le destin. Quand je pense que l'autre a pu se demander s'ils avaient une âme ! On voit qu'il ne connaît pas mes clés. Leur seul but, me gâcher la vie. Pas la peine d'avoir une âme pour exécuter un tel programme.

Je repasse devant le buffet.

Les clés sont là.

Coincées derrière un petit vase. Viennent-elles de réapparaître ou étaient-elles là depuis le début ?

Nul ne le saura jamais.

28

— **Il y était, ce rond-point, la dernière fois ?**
— Je sais pas, ça change tout le temps !
— C'est dingue, cette manie qu'ils ont, de faire des ronds-points partout, maintenant !
— Il faut chercher le Bricorama...
— Non, Bricomarché...
— Tu es sûr ?
— Oui.
— Je croyais qu'il fallait tourner après la poste...
— Ça c'était quand il y avait les travaux, mais maintenant on peut aller tout droit...
— Je reconnais plus rien...
— Et dans ces bleds, il y a plus personne dans les rues...
— T'appelles ça des rues ?
— Qu'est-ce qu'il y a écrit sur la plaque ?
— Rue Salvador-Allende.
— Ça m'aurait étonné...
— Pourquoi ?
— Quand tu vois des noms comme ça, rue Salvador-Allende, lycée Jacques-Brel, espace Maurice-Ravel, c'est que c'est la zone...
— T'as raison ! Paul Eluard, c'est pas mal non plus...

— Georges Brassens, aussi, il est pas gâté, le pauvre vieux...

— Alors que quand tu vois lycée Pasteur ou lycée Jean-Jaurès, ça fait tout de suite plus cossu.

— Et les cités ! Toujours des noms bucoliques ! Cité des Peintres, cité des Écrivains !

— Un collège Jacques-Brel, rue Maurice-Ravel cité des Musiciens, on sait que ça va craindre un max.

— Comme Gérard, où il habite, déjà ?

— Rue des Fusillés-du-24-Août !

— Sympa ! Tu es au chômage, tu te réveilles, tu vois rue des Fusillés-du-24-Août, ça remonte vachement le moral...

— Il y avait des rues Staline, avant.

— Ça a un peu disparu, ça...

— On est où, tu reconnais ?

— Non...

— Tiens, il y a quelqu'un !

— S'il vous plaît, madame, est-ce que...

— Je ne suis pas d'ici !

— Tu as vu comme elle a la trouille ?

— C'est dingue, les gens ne connaissent même plus leur quartier !

— Qu'est-ce que tu fous, double-le, ce con !

— Dis donc, quand tu conduis, je t'emmerde pas !

— Tiens un vieux, il doit connaître !

— Pardon monsieur, la rue des Prairies ?

— La rue des Prairies ? C'est pas ici ! Pas de rue des Prairies, par ici !

— Vous êtes sûr ?

— Ça fait trente-sept ans que j'habite là, s'il y avait une rue des Prairies, je la connaîtrais ! Trente-sept ans en juin !

— On est bien à Saint-Maurice ?

— Ah non, vous êtes à Saint-Martin ! Saint-Maurice, c'est après le pont ! Mais les gens se trompent souvent ! Ça se touche, c'est pour ça !

— Excusez-nous !

— Y a pas de mal ! C'est pour ça, je me disais ! Ça fait trente-sept ans que j'habite à Saint-Martin, s'il y avait une rue des Prairies, je la connaîtrais !

— Merci !

— C'est de l'autre côté du pont !

— Merci !

— Pouvez pas vous tromper !

— Merci !

— C'est chaque fois pareil quand on va chez eux !

— Si tu n'avais pas voulu passer par un autre endroit !

— Ça va être de ma faute, maintenant !

— Je dis pas ça, mais...

— On y est de l'autre côté du pont... Ah d'accord ! Tu as vu où elle est, la pancarte ?

— Faut le savoir, que c'est là ! La DDE a encore frappé, bravo !

— Ah, ceux-là...

— En tout cas, on n'est jamais passé par ici !

— Et si on retournait là où on a pris l'embranchement ? Et on reprend la route normale...

— Oui mais tu saurais y retourner, là-bas ? On sait y aller dans un sens mais pas dans l'autre...

— On va encore se paumer, ils se ressemblent tous, ces bleds !

— Partout les mêmes noms de rues !

— Les mêmes ronds-points !

— Les mêmes zones commerciales ! Les mêmes marques ! Cuir Center, Spatial la Cuisine de Demain, Bricomachin, Mondial Moquette, Carrelages 2000...

— Carrelages 2000, maintenant ça fait vieux !

— Boidécor, Jardiland, la Halle aux vêtements...

— Et partout les mêmes pavillons...

— Quelle horreur, ces pavillons !
— C'est les HLM de demain !
— Bon, qu'est-ce qu'on fait, maintenant ?
— On est où, là ?
— C'est pas la mairie, là-bas ?
— Bien vu ! Il y a qu'à repérer le Bricorama et on tourne à droite après le deuxième feu, entre la station Elf et le Cuir Center !
— Moi, je te dis que c'est Bricomarché...
— Tu me mets le doute, là...
— Il faudrait pas leur apporter quelque chose ? Un gâteau ?
— À midi et demi, tu veux trouver un gâteau dans ce bled ? Un dimanche, en plus ?
— On va arriver les mains vides, ça fait con...
— Si on y arrive, ça sera déjà bien...
— Il y a qu'à entrer dans ce bistrot, ils doivent savoir !
— Bonjour, messieurs !... Je demande quoi ?
— La rue des Prairies...
— La rue des Prairies, s'il vous plaît ?
— La rue des Prairies ? Ouh là ! c'est pas du tout par là ! Il faut remonter jusqu'à la piscine ! Vous voyez où c'est ?
— Ils peuvent aussi passer par-derrière chez Loulou !
— Ils vont pas savoir... Le mieux, c'est... Vous êtes à pied ?
— En voiture.
— Le mieux c'est comme je dis.
— Ils sont à pied ? Ça fait une trotte.
— En voiture, ils ont dit !
— Ils sont pas en voiture, ils ont dit à pied !...
— Mais si, ils ont dit en voiture ! Vous êtes en voiture ?
— Oui.

— Qu'est-ce que je disais !
— J'avais pas entendu, tu gueules trop fort !
— Moi, je gueule trop fort ?
— Tiens, la preuve !
— On va y aller...
— L'écoutez pas, le mieux, c'est de... Vous êtes garé où ?
— Juste devant.
— Devant ? C'est la Polo bleue ? Alors vous allez tout droit, vous faites le tour de l'église et vous prenez la deuxième à main droite, ensuite...
— Pas la deuxième, la troisième...
— Hé ho ! Ça fait dix-sept ans que j'habite dans le coin !
— Oui, mais c'est pas la deuxième c'est la troisième...
— Évidemment, si tu comptes le chemin qui va à Lieu Bert ! C'est pas une route, ça !
— Faut être précis dans la vie ! Si t'es pas précis, t'arrives à rien !
— Donc la deuxième à droite ? Merci !
— Pouvez pas vous tromper !
— Merci !
— Après c'est tout droit jusqu'au château d'eau !
— Merci !
— Et après vous demandez !
— Merci !
— J'ai cru qu'on s'en sortirait jamais...
— Bizarre, ces gens qui sont fiers d'avoir pas bougé pendant dix-sept ans !
— Faut jamais demander dans les bistrots.
— Et tu voulais aller où ? Il y a que ça d'ouvert !
— Tiens, la station Elf !
— Non, tu vois bien que c'est Totalfina !
— Merde... C'est où, Elf ?
— Mais Elf, ça a pas été racheté par Totalfina ?

— Si maintenant il faut lire *La Vie financière* pour aller bouffer chez eux...

— Tiens, regarde, le château d'eau !

— Et alors ?

— C'est pas derrière ?

— Ah si.

— On dirait que c'est là...

— C'était pas une grille blanche ?

— Je reconnais les potiches !

— Ils auraient pu le dire, qu'ils avaient repeint...

— Vas-y, sonne...

— C'est combien chez eux, pour les bises ?

Dring au portail.

— Les voilààà ! ! !

— Alors vous vous êtes perdus ?

— Comme d'habitude. C'est les ronds-points.

— Ah, les ronds-points ! Il faut qu'ils en mettent partout, des ronds-points !

— On cherchait le Bricomarché !

— Non, je vous avais dit Bricorama !

— Tiens ! Qu'est-ce que je disais !

— Tu disais Bricomarché !

— Oh la menteuse, j'ai justement dit Bricomarché !

— Bricorama !

— Bricomarché !

— Bricorama !

29

D'ordinaire, je fais à huit heures. Huit heures, huit heures et quart. Il n'y a pas de règles. J'attends la revue de presse d'Europe 1 et, comme par magie, ça me prend.

Ce n'est pas qu'il y ait une relation entre les deux événements. En conclure que je manifeste ainsi mon désaccord avec la politique en cours serait hâtif. Bien sûr que non. C'est plutôt une sorte de réflexe de Pavlov. Les deux faits ayant été concomitants depuis des temps immémoriaux, il suffit que le jingle retentisse pour que je. Et il suffirait que ladite revue soit déplacée de quelques heures pour chambouler mes habitudes. J'ai écrit aux dirigeants de cette radio pour leur proposer de tenter l'expérience, mais à ce jour, je n'ai reçu aucune réponse.

Une fois l'opération achevée, c'est d'un bon pied que je pars vaquer à mes occupations. Car je ressens toujours une grande joie à aller. Ce n'est jamais une simple opération de routine, comme boire quand on a soif, manger quand on a faim, ou éternuer quand ça chatouille. Ça ne va jamais de soi. C'est chaque fois une victoire sur moi-même, le triomphe de mon esprit sur ma matière.

Ça, c'est en général. Mais il suffit qu'un fait en apparence minime vienne perturber ce bel ordonnancement des choses, soit que je doive partir plus tôt, soit qu'il advienne une contrariété, pour que je ne défèque plus dans les temps. Je pars en catastrophe, l'angoisse au cœur. L'inconnu s'ouvre devant moi.

Que se passe-t-il si l'envie me prend au beau milieu de la journée ? J'aurai eu beau me bourrer de chocolat avant de partir, ça n'aura pas l'effet constipatif attendu. On n'est jamais constipé quand on en a besoin. Je pourrais me retenir un peu mais pas jusqu'au soir. Et si ça se passe dans un bureau anonyme ? Ou pis, dans la rue ? Et que je doive me rendre dans le premier bistrot venu ?

Même dans un bureau que je connais, je ne m'assois pas sur le siège. Je le recouvre entièrement de papier hygiénique. Ce n'est pas parce que des gens vous sont familiers que leurs microbes sont moins dangereux que ceux des inconnus. En quel honneur ? Simplement parce que je les connais ? Parce qu'on s'habille pareil ? Parce qu'on écoute la même musique ? Aime les mêmes films ? Va dans les mêmes restaurants ? Cette croyance grossière, qui confine à l'arrogance, est à l'origine de nombreuses épidémies. Et puis, il me faut avouer que la tiédeur du fessier de celui qui m'a précédé m'écœure toujours. Même s'il écoute la même musique.

Alors que dire des toilettes immondes d'un bistrot parisien ! Même la lunette entièrement tapissée, il est hors de question que je m'assoie. Tout m'est suspect, ici. Même le papier. Peut-être une horde de virus est-elle déjà tapie dans la moiteur propice des feuilles 100 % pure cellulose. Ils attendent que je m'assoie pour attaquer.

Et d'ailleurs le papier lui-même est-il sûr ? Qui contrôle la sécurité chez les fabricants ? On ne parle que de la sécurité alimentaire. Et la sécurité défécatoire ? Personne ne s'en préoccupe dans les ministères.

Certains industriels peu scrupuleux – une minorité, mais cela suffit pour jeter l'opprobre sur cette noble profession – n'en profiteraient-ils pas pour passer entre les mailles du filet ? Je n'ai aucune certitude mais la question doit être posée sur la place publique.

Bon. Mon pantalon est baissé. Je suis à moitié assis, pas tout à fait debout. Dans une position ridicule, qui plus est, mon falzar retenu par une main, le bas de ma parka coincé dans l'autre et mon menton bloquant mon sac à dos pour l'empêcher de glisser – il est hors de question que je les pose sur un sol qui n'est qu'immondices.

L'opération devra être rapidement menée. Pas question de lambiner. Ce n'est pas ici que je ressentirai ce bien-être, cet abandon total, cette communion avec le Grand Tout, ce plaisir impartageable de l'évacuation dans un environnement ami. Car autant l'entreprise est agréable, le pont arrière confortablement coincé dans l'ovale du siège, autant il est malplaisant de l'exécuter cul au ciel. On est vulnérable face à un éventuel prédateur watérien. Sans parler de l'instabilité. Trop penché en arrière, il y a le risque de tomber dans la cuvette. Pas assez, celui de mal calculer la trajectoire merdique. Et si ça tombe sur la lunette ?

Cette position crispée ne favorise pas le laisser-aller. Et c'est en général le moment que choisit un quidam pour essayer d'ouvrir la porte. Cela suffit à me bloquer toute envie. Je sens l'autre, derrière la porte. Il s'impatiente. C'est qu'il a envie lui aussi ! Peut-être écoute-t-il. Il n'entend rien. Il croit que je dors ? Que je m'amuse ? Que je me drogue ? Que je me livre à des pratiques naguère réprouvées par la morale ? Si je ne bouge pas, il va peut-être partir, croyant ces W-C hors d'usage. Mais il n'abandonne pas, c'est un opiniâtre. Il agite la poignée plus vigoureusement. Comme s'il était anormal qu'un autre occupât ces cagoinces qu'il convoite. Lequel se découragera le premier ? Pas moi, c'est une question d'honneur. On ne plaisante plus.

Mais je ne peux pas rester ! J'ai une famille ! Un métier ! J'ai une vie au-dehors ! Des emplois sont peut-être en jeu par ma faute ! Je suis tétanisé, mes jambes flageolent, il faut que je me décide.

Et si j'émets des vents incongrus ? Il entendra tout ; du délicat froissement du papier, il déduira le nombre de feuilles utilisées, d'où un état des lieux de mes intestins. Il va tout savoir de mon moi le plus sacré, sans avoir été présenté. En sortant je devrai croiser son regard ironique. Ce sera un individu carré, massif. Il aura une Clio 1,5 TDI. Il ne connaît pas mes angoisses. C'est un homme qui fait comme il respire. Sans réfléchir. Pour lui, ce n'est qu'une opération de routine, aussi peu poétique que la vidange de sa voiture. Et encore, il est probable que la vidange de sa bagnole l'angoisse davantage.

Je le hais.

Même si tout se passe bien, je ne suis pas au bout de mes soucis. Une fois l'opération terminée, il faut se laver les mains. Mais les mains à peine lavées, il faut refermer le robinet qui lui n'a pas été lavé. Et ce n'est pas fini ! Après le robinet, il y a le bouton du sèche-mains ou, pis, la serviette suspendue à un clou, ignoble torchon dont je ne veux même pas parler ; et l'interrupteur ; et la poignée de la porte. Par combien de mains ayant touché combien de fessiers ont-ils été manipulés avant moi ? Déjà, en entrant, j'ai touché la poignée. Ne suis-je pas déjà contaminé ?

On me dira qu'il y a des sanisettes publiques, nettoyées de fond en comble après chaque passage. Nettoyées, soi-disant. Mais d'où vient l'angoisse qui m'étreint chaque fois que je pénètre dans cet édicule impersonnel constellé de brûlures de cigarettes ? La peur d'être moi aussi nettoyé de fond en comble avec le matériel ? Ou que la porte se bloque ? Ou au contraire qu'elle s'ouvre intempestivement et qu'on me surprenne dans une position peu reluisante ?

Et si certains microbes résistaient au nettoyant ? On en découvre chaque jour. De plus en plus virulents. Des exotiques, des sournois, des mutants, capables de vous transformer le cerveau en sauce blanche en un clin d'œil. Alors qui me dit qu'un nouveau microbe ne choisira pas justement ce jour, cette cabine et moi-même comme cobaye pour tenter l'expérience ? On dit qu'il y a peu de chances. Il y a aussi peu de chances de gagner au Loto et pourtant on en fait, de la publicité, sur ce peu de chances ! Je mourrai seul. Il faudra raser ma maison et brûler mon corps dans une déchetterie pour ne pas contaminer toute la région ; il ne restera rien de moi, si ce n'est un mauvais souvenir ou un article dans une revue médicale. Même pas une plaque commémorative, comme pour les policiers morts à la libération de Paris.

C'est sans solution.

On comprendra qu'une journée commencée dans de telles conditions ne soit pas propice à la performance. Combien de contrats importants ai-je signés, la tête ailleurs, que j'ai regrettés après ?

Qui dira le drame de ceux qui, VRP ou camionneurs, chanteurs en tournée ou CRS, gens du voyage ou vendeurs à la sauvette, doivent se soulager dans des lieux anonymes ou inhospitaliers ?

30

Oh, le con, il en a trouvé une ! Et sous mon nez, en plus !

Je vois ce type dans sa 205 diesel, et je le hais. Il n'en pas du tout besoin, de cette place, j'en suis certain. Il aurait pu tourner encore quelque minutes, pour ce qu'il avait à faire dans le quartier. Ce n'est pas comme moi. J'ai quand même des douilles à acheter au BHV.

Si j'étais arrivé trente secondes plus tôt, elle était à moi, cette place. Mais il aurait fallu que je parte trente secondes plus tôt de chez moi, donc que je me réveille trente secondes plus tôt, donc que je fasse tout trente secondes plus tôt. Donc que je naisse trente secondes plus tôt. Mais si j'étais né trente secondes plus tôt, la face du monde n'en aurait-elle pas été changée ? Le big bang aussi aurait eu lieu trente secondes plus tôt ! Et, dans ce cas, qu'est-ce qui aurait empêché le conducteur de la 205 de partir trente secondes plus tôt ?

J'en suis là de ces considérations cosmogoniques, tout en regardant l'autre se garer. Oublions-le. C'est le mieux pour faire face à un destin contraire. Il pensait me pourrir la journée, le destin, avec cette place que je méritais et qu'on me vole sous le nez ? Que dalle !

Je repars de l'avant, comme un vaillant petit soldat.

Celle-là ? Trop petite.

Certains jours, on hume une ambiance favorable à

toutes nos entreprises garagières. L'air est plus doux. La circulation s'est fluidifiée rien que pour nous. Les gens quittent leurs places pour nos beaux yeux. Les livreurs sympa arrêtent de livrer juste quand on arrive. L'activité économique cesse à notre approche et semble s'être donné un seul but : nous faciliter le stationnement.

Mais aujourd'hui, tout est contre moi.

Feu rouge. Nom de Dieu ! En voilà un qui se barre, de l'autre côté du carrefour ! Si j'étais passé à l'orange, je l'aurais eue. Espérons qu'aucun salopard ne va surgir de ma gauche et s'emparer de cette place. Le temps s'écoule... Qu'est-ce qu'il est lent, le temps ! Il le fait exprès, ou quoi ? Les gens traversent paisiblement. S'ils savaient...

Orange. Ça y est presque. Non ! Une Mercedes passe ! Freine. Elle a vu la place !

Voici comment on me remercie d'avoir respecté le code.

Il ne va pas y arriver. La place est trop petite... Qu'est-ce que je disais ! Comment il s'y prend ! Il n'est vraiment pas aidé ! Ça commence à klaxonner, derrière. Avec un peu de chance, il va s'énerver, perdre ses moyens et abandonner le combat...

Pas de bol, il a la direction assistée. C'est pas du jeu, les directions assistées. N'importe quel gland ou glande arrive à se garer avec ça. Ça ne devrait être réservé qu'à ceux qui, comme moi, savent faire de jolis créneaux. Juste pour leur éviter des efforts inutiles. Cette direction assistée va nous amener sur le marché quantité d'incapables, qui, sans elle, n'auraient jamais trouvé de place. Je vous le dis !

Je rêve ! C'est une femme qui en sort, en plus ! Une bourge avec manteau de fourrure ! Elle va faire quoi dans le quartier, en Mercedes, à 4 heures de l'après-midi ? Acheter des fringues ? Revenir avec des sacs Lolita Lempicka, Chanel ou autres ? « Regarde ce petit haut que j'ai trouvé ! » Et pendant ce temps les travailleurs ne trouvent pas de place !

Entendons-nous bien. Je ne suis pas macho pour un rond. Les insultes sur les femmes au volant, très peu pour moi. Mais là, ce n'est pas la femme dont je me gausse, c'est la bourge que j'exècre. Je hais les fourrures, je hais les fourreurs, je hais les bourges ! J'ai des envies de Terreur ! Reviens, Thermidor ! Le boulot n'a pas été fini ! Surtout qu'avec une Mercedes on a les moyens d'aller au parking !

Car moi, hors de question que j'y foute les pieds, au parking.

C'est que j'y suis déjà allé.

Je sais de quoi je parle.

Pas plus tard que l'autre jour...

... Je descends la rampe. Déjà l'angoisse me tombe dessus comme une chape de plomb. L'image est classique, je dirais même rebattue. Quasiment cliché, et surtout pas vraie. Une chape est en béton, pas en plomb. Mais ça fait du bien, un petit cliché de temps en temps. Et je n'ai rien trouvé de mieux. Le plomb, c'est bien pour l'angoisse. Mieux que le zinc ou l'aluminium.

Pourquoi l'angoisse ? Ces humains qui tournent en rond, crispés sur leur volant, apparemment sans but, cherchant une place, avec ces pneus qui couinent à chaque tournant, n'est-ce pas ce que l'on fait toute sa vie ? Tourner en rond en cherchant une place ? Et quand on l'a trouvée, l'euphorie d'un instant fait vite place à l'abattement. Il va falloir sortir de cette voiture ! Affronter le monde extérieur ! Je ne peux pas rester ici et simplement savourer le fait d'avoir trouvé une place !

Mais pour l'heure le parking est presque vide. J'ai le choix. Voilà qui est inquiétant, d'avoir le choix. Quand il n'y en a pas, on se précipite sur la première place venue. Mais là, je ne sais pas. Près d'un pilier ? Dans un coin ? Près de l'entrée ou près de la sortie ? Et de quelle sortie ? La sortie voitures ou la sortie piétons ? En tout cas, choisir une place d'où il est facile de sortir. Car les places d'où il est facile de sortir ne sont pas celles où il est facile d'entrer, l'expérience nous l'apprend. Le mieux est de sortir en marche avant.

Je choisis la sortie voiture. C'est une erreur mais je ne le sais pas encore. Pour l'instant, ne pas oublier de noter le numéro de ma place. Je le note sur mon ticket de parking. Ne pas le perdre, ce ticket ! Je le mets où ? Sur le pare-soleil. Et si on me pique la voiture ? Pas grave, je n'aurai plus besoin de ticket. Ah non, il faut l'avoir sur soi, il faut payer avant de reprendre sa voiture. Je le mets dans ma poche. Non, dans mon porte-carte. Voilà. Avec le permis ! Super. Maintenant, tout cacher, retirer la façade de l'autoradio, ne rien laisser de visible dans la voiture, c'est indiqué partout. Tout vérifier. Revérifier. Le ticket. L'autoradio. L'autoradio, le ticket. Ne pas faire comme l'autre jour : je vérifiais tellement mon ticket que j'avais oublié mon portable sur le toit de la voiture.

C'était donc une erreur d'avoir choisi la sortie voiture car la sortie piétons est évidemment à l'autre bout du parking. Il faut traverser cette étendue déserte, à pied ; plafonds bas, oppressants ; au loin, les couinement sinistres d'autres voitures qui tournent, tournent, tournent...

Et ces énormes piliers. Est-ce qu'ils sont assez solides ? Et si tout s'effondrait sur moi ? S'ils étaient fins, la question ne se poserait pas. Mais c'est leur énormité même qui inquiète : est-ce qu'ils sont assez énormes ?

Puis il faut affronter ces labyrinthes, avec portes coupe-feu tous les trois mètres, qui claquent dans un bruit d'enfer. Derrière chacune, à chaque tournant, il y a sûrement un délinquant sexuel qui en veut à mon corps ou un jeune de banlieue à ma carte bleue. Rien derrière celle-là ? Ce sera pour la prochaine. Non plus ? Alors celle d'après...

Sans crier gare, je me retrouve dans la rue.

Ouf, de l'air. Où suis-je ? Pas la moindre idée. Le parking doit être gigantesque, il doit couvrir tout l'arrondissement. Ne pas oublier de bien repérer l'endroit par où je suis sorti.

Au retour, ça recommence.

Évidemment l'endroit d'où je suis sorti n'est pas celui par où il faut rentrer. Celui par où il faut rentrer est à trois rues de là.

Je descends. Angoisse, deuxième couche !

Me voici devant les caisses. J'introduits mon ticket.

64 francs.

Les rats.

Est-ce que j'ai de la monnaie ? Évidemment, je n'ai même pas pensé à vérifier. Si ce n'est pas le cas, il faudra ressortir, entrer dans un bistrot qui ne voudra pas me faire de monnaie, en trouver un autre, perdre un temps infini...

Je fouille dans mes poches. Cinquante-huit francs en monnaie ! Et un billet de cent.

Est-ce que cet appareil rend la monnaie correctement ? Et s'il reconnaît tous les billets sauf le mien parce qu'il est un peu froissé ?

Je tente le coup. J'introduis mon billet... Miracle ! De la monnaie sort ! Je l'embrasserais, cette machine ! Merci d'avoir accepté mon argent !

Mais je ne suis pas au bout de mes peines. « Valable seulement dix minutes après paiement », lis-je sur le ticket. Et si je mets plus de dix minutes pour retrouver ma voiture ? Faudra-t-il que je revienne pour repayer un sus ? Et si ça recommence ? Surtout que le trajet du retour ne ressemble pas du tout à celui de l'aller. Toujours personne. Pour une fois qu'on aimerait voir un beau vigile avenant, crâne bien rasé, avec une oreillette et un chien muselé, il n'y en pas. Il y en a partout sauf là. Est-ce que je ne me serais pas trompé d'étage ? De parking ? De ville ? De pays ? Et si ma voiture ne démarre pas ? Et si je fais tomber mes clés et que par mégarde, elles rebondissent sur mon pied et disparaissent dans une grille d'égout ? Et si, et si...

Voilà pourquoi je préfère tourner en rond à l'air libre.

Et puis, en quittant ma place, quel plaisir de voir une voiture piler à ma hauteur. Une tête avenante me fait des mimiques pleines d'espoir derrière sa vitre. Pas la peine de connaître le langage des sourds. L'individu est à ma botte. Il est prêt à tout. Cette place, il la veut. Je peux exiger tout de lui : une somme d'argent, une manœuvre sexuelle, un rendez-vous... Je peux aussi faire non de la tête, car la sienne ne me revient pas, et attendre qu'il ait parcouru cent mètres pour démarrer. Je peux même prendre mon temps, il n'osera rien dire. Peut-être se permettra-t-il un léger coup de klaxon. Mais timide, oh, si timide ! C'est qu'il ne veut pas me brusquer. Je suis une diva, la diva du parking ! Un rien peut me faire changer d'avis. C'est vrai, j'ai attendu, pourquoi les autres n'attendraient pas ? J'ai tourné une heure et, lui, à peine il se pointe, il trouve une place ? C'est trop injuste ! Finalement je reste !

Mais non.

J'opine. Tout simplement.

En cet instant, il me loue, il m'idolâtre, je suis son dieu, son sauveur. Son bienfaiteur.

Dans trente secondes chrono il m'aura oublié, mais pendant un instant, un homme aura été heureux.

Grâce à moi.

31

Le rhume n'est pas une maladie grave. En général, il guérit tout seul. Parfois aussi on se dit « Tiens, si je me mettais des gouttes dans le nez ? »

On va chez le pharmacien, on dit je suis enrhumé, et il vous donne des gouttes à quinze francs quarante s'il vous connaît bien, ou à trente-cinq soixante si vous êtes de passage.

Et on rentre chez soi.

Consciencieux, on veut bien faire et on décide d'éplucher le mode d'emploi.

Erreur fatale.

De la boîte, on extrait une feuille de papier blanc, plutôt avenante, bien imprimée, propre.

On lit la formule, néomycine sulfate, 0,05 mg, qsp, les indications, les contre-indications, la posologie, les effets secondaires et les mises en garde aux conducteurs d'engins, aux sportifs, aux femmes enceintes.

Parfait.

Et on se dit « Avant de me faire un pschitt, je vais remettre le mode d'emploi dans sa boîte ».

Aïe.

Plier une feuille de papier en huit ou en dix n'est pas difficile. Un enfant le fait aisément. Je le fais également moi-même machinalement en réunion, pour peu que j'aie une feuille de papier à ma disposition. Je la plie, la déplie et la replie au gré de mon ennui. Sans difficultés.

Mais il semblerait que les données du pliage classique, enseigné par les anciens, reproduit par des générations d'élèves, de participants à des briefings, conseils, colloques et autres séminaires, tout ce qui fait notre culture, nos coutumes, nos mœurs, nos us, eh bien, ça ne compte pas pour les fabricants de modes d'emploi ! Balayées, nos traditions pliageuses.

Les plieurs auraient-ils inventé une autre géométrie, non euclidienne, connue d'eux seuls ? Où dedans et dehors ne font plus qu'un ? Où l'envers et l'endroit n'existent plus ? Où ne règnent plus que la glaciale incertitude et le froid du hasard ? Ne chercheraient-ils pas à l'introduire insidieusement chez nous pour saper les bases de notre civilisation ?

On essaie de replier normalement le mode d'emploi, innocemment, sans penser à mal. Ça ne va pas. On le déplie, on le replie en sens inverse. Non plus.

On le redéplie, on se dit « Comment c'est plié cette merde », on le replie moitié dans un sens, moitié dans l'autre.

Pas mieux.

Pour la première fois, on évoque la présence d'un démon plieur, venu d'au-delà des mers, qui se serait emparé de la boîte de médicament.

Puis on se ressaisit, on se dit « C'est des conneries, les démons n'existent pas ». Ayons une démarche scientifique car rien ne résiste à la stricte observation des faits.

On examine le sens des plis initiaux et on se dit « Je vais replier exactement pli selon pli ». Mais impossible de repérer le sens des plis. Au début ça va, mais plus on plie plus ça coince.

À ce moment on pense : « J'ai pas que ça à foutre, faire des mises en plis de modes d'emploi, j'ai du boulot et un rhume qui attend, bordel. »

On replie n'importe comment et on bourre le mode d'emploi dans la boîte.

C'est exactement ce qu'attendent les démons.

Le papier ainsi plié ne rentre plus. On force, on pousse, on tasse avec le flacon, ça fait un amas chiffonné au fond de la boîte. Une boule.

Ça bouchonne.

C'est beaucoup plus gros que le pliage initial. On se demande même comment un si petit papier peut faire une aussi grosse boule. Et si on veut remettre le médicament dans la boîte, impossible de fermer le couvercle. À cause de la boule.

On s'énerve, on ressort le flacon pour ressortir le mode d'emploi ratatiné au fond de la boîte.

Mais il est coincé.

On tapote. Rien. On tapote plus fort. Rien encore. On secoue, on s'énerve, mais attention la boîte commence à se déformer dangereusement ! Il y a risque de déchirement du carton et d'arrachage du couvercle !

Il faut alors défaire la boîte par le bas, pousser avec l'index la boule de papier jusqu'à ce qu'elle sorte par la tête.

Ce qui était un mode d'emploi présentable est maintenant un machin informe. Tout froissé. Et maintenant vas-y, déplie la boule et replie-la selon les plis d'origine ! Avec tous les faux plis qui ont été rajoutés !

C'est le moment que choisit un membre de la famille pour entrer dans la pièce : « À quoi tu joues ? »

Comme si on jouait !

On en a marre, on est à deux doigts de tout balancer dans la poubelle.

C'est alors qu'on se souvient d'un détail troublant :

le même phénomène se reproduit régulièrement en voiture avec les cartes routières. Quand on en ouvre une, elle est toujours à l'envers. Quand on cherche une ville, elle est toujours dans un pli. Ou sur la carte d'à côté. Qu'on n'a pas. Et quand on veut la refermer, impossible. Ni dans un sens, ni dans l'autre. On s'énerve, un poing atterrit parfois dans la figure du conducteur, créant une tension dont on n'avait pas besoin ! On veut en finir, on la jette, c'est alors qu'elle se déploie, comme une corolle, et envahit tout l'habitacle au risque de l'accident.

Plieurs de modes d'emploi et plieurs de cartes routières ne feraient-ils qu'un ?

Ah ! En cet instant, comme on aimerait en avoir entre ses mains, un de ces maudits personnages ! On lui ferait passer le goût de faire des pliages en dépit du bon sens !

On l'imagine, là, dans le salon, terrorisé, attaché au radiateur. Il geint :

— À boire...

Il fait moins le malin, maintenant ! On lui met sous le nez un mode d'emploi ou une carte de la région Poitou-Charentes :

— Tu auras à boire si tu réussis à replier ça sans te tromper !

— Pitié ! Je ne voulais pas ! On m'a obligé !

— Qui ?

— Les multinationales du pliage, je ne peux pas en dire plus, j'ai une famille à nourrir !

On le photographie, un journal du jour à côté du visage. À toutes les unes de France, le lendemain s'étale une mauvaise photo : « Encore un plieur kidnappé. »

On se dit du calme, reprenons tout à zéro, j'ai voulu aller trop vite, c'est de ma faute. Car, dans leur perversité, ils réussissent encore à nous culpabiliser, ces ordures de plieurs !

C'est reparti.

Et le nez qui coule de plus en plus. Si on ne fait rien, c'est la bronchite assurée.

La prochaine fois, on ne vérifiera rien. Tant pis pour eux, si on fait une allergie.

32

Je regarde la télé, mais je ne la vois pas. Les informations régionales glissent sur moi. Je crois qu'il y a une histoire de pétrolier, des oiseaux dans le mazout, un gros type en polo qui dit que ça ne peut plus durer, un maigre à lunettes qui assure que toutes les mesures ont été prises.

Voilà dix minutes que j'ai les yeux rivés sur le téléphone.

Jc commence à connaître son design par cœur. Sillage, il s'appelle. Pourquoi faut-il que les commerciaux donnent toujours des noms à la con ? Comme dans le bar du TGV, « assiette fraîcheur », ça veut dire trois feuilles de salade et céleri rémoulade.

Bon. Je l'appelle ou je l'appelle pas ?

Elle avait dit : « On essaie de s'appeler en début de semaine. »

Lundi, il n'y a pas mieux comme début de semaine. Quand on dit début de semaine, on ne peut pas reprocher d'appeler un lundi.

Mais c'est peut-être trop au début de la semaine. Et le simple fait que ce soit trop au début prouve ma qualité de demandeur. J'ai trop envie, je ne peux plus attendre, je capitule. Donc, je suis en son pouvoir. Il convient de se faire désirer un peu. Moi-même d'ailleurs, l'apprécierais-je autant si elle avait déjà appelé ?

Je penserais qu'elle n'a personne d'autre que moi à qui téléphoner, qu'elle n'est guère demandée, que c'est un pauvre être en jachère, prêt à se donner au premier laboureur venu qui voudrait bien y tracer un sillon et instantanément le mirage du désir s'estomperait.

Mardi, ça serait bien. C'est aussi en début de semaine, mais moins. Ça va jusqu'où, un début de semaine ? Jusqu'au mercredi ? Non, je dirais que là on arrive plutôt en milieu de semaine. Il y a deux écoles. Première école : lundi, mardi, mercredi, début de semaine, et jeudi à dimanche, fin de semaine. Deuxième école : lundi, mardi, début, mercredi, jeudi, milieu, et vendredi, samedi, dimanche, fin.

En aucun cas, on ne peut considérer que le mercredi est un début de semaine.

Bien.

On avance.

Mais nous ne sommes pas mercredi, nous sommes lundi. Soyons positif. La question du mercredi, je me la poserai mercredi.

L'affaire est entendue. J'appelle demain.

Je vais regarder par la fenêtre. En bas, des gens.

« On essaie de s'appeler... » Qu'est-ce que ça m'énerve, cette phrase !

Ça veut dire quoi, ça, on essaie de s'appeler ? Tu parles d'un exploit, en plein IIIe millénaire, s'appeler au téléphone. Si on essaie, c'est rare de ne pas y arriver. On essaie de faire le mont Blanc. On essaie d'apprendre le chinois. Mais on n'essaie pas de s'appeler au téléphone ! On s'appelle ou on ne s'appelle pas.

Mais cette phrase anodine a un autre sens. Celui-ci : « On se prend pas la tête, on s'appelle si on en a envie, on se la joue cool, au feeling. »

Toujours se méfier des gens qui proclament se la jouer cool et au feeling. C'est qu'ils ne le sont pas tant que ça. Serait-elle moins cool qu'elle veut le faire accroire ?

Bon sang, mais c'est bien sûr. Ah ! Ah ! Je l'ai percée à jour ! Elle veut me donner des leçons de coolerie ? Se mesurer à moi sur le terrain du coolisme ? L'inconsciente. Eh bien, je n'appelle pas. C'est vrai, ça, pourquoi ça serait toujours aux hommes de faire le boulot ? Elle se dit féministe ? Voilà un bon exercice pratique de parité : prendre le téléphone et composer le 01 42 33 45 47 ! Je ne suis pas pressé. Je peux me consacrer à des tas d'activités sportives, culturelles ou associatives, si je veux. Je peux attendre.

Bon OK, je suis magnanime. Elle a beau être féministe, elle ne déteste pas qu'on lui tienne la porte. Et un simple bouquet de fleurs la fait fondre. Soyons indulgent. Les temps changent, mais pas du jour au lendemain. Il y a des ratés. Ce n'est pas facile pour elle. Elle veut que je prenne l'initiative, que je montre qui est l'homme ? Je veux bien faire cette concession. J'appelle. D'accord.

Oui, mais quand ? Il faut quand même la laisser mijoter. Combien de temps ?

Thierry dit huit jours. Pour les conseils, c'est un pro mais ça m'étonnerait qu'il les tienne, les huit jours. Laurent propose cinq, Steph quatre. La tendance actuelle serait dans les quatre jours. Est-ce qu'on compte les jours fériés ?

J'opte pour quatre jours ouvrables.

Je me lève, fais trois pas, prends un Stabilo. Tiens, je n'avais pas vu qu'il y avait un cygne dans un rond rouge. Je le repose.

Et si j'appelais, là, comme ça, juste pour voir si elle est chez elle ? J'ai qu'à faire ça : j'appelle, dès que j'entends allô, je raccroche.

Banco. Je décroche, compose ce numéro dont les chiffres ne sont déjà plus des chiffres anonymes, ce sont ses chiffres à elle, les plus beaux de la terre... Ce 14 ! Ce 26 ! Ce 34, comme elle le porte bien ! Et ce 57, comme il lui va bien au teint ! Quant au 01, dommage qu'elle le partage avec tant de gens si vulgaires qui ne la méritent pas.

Ça sonne. Quelle jolie sonnerie !

— Oui allô ? fait une voix claire.

Je raccroche, en sueur. Nom de Dieu, elle est chez elle ! Pourquoi elle n'appelle pas, alors ? Qu'est-ce qu'elle peut faire, en ce moment ? Se maquiller ? Fumer ? Lire ? Écouter de la musique ? Penser à moi en se demandant pourquoi je n'appelle pas ?

Elle m'a oublié. Bien sûr ! Une fille comme ça, pourquoi s'intéresserait-elle à moi ? Avec tous les mecs qui doivent lui courir derrière ! Elle a été sympathique, mais elle doit être comme ça avec tout le monde ! Ça ne veut pas dire qu'elle veut coucher avec moi ! Je suis vraiment le roi des cons pour penser qu'elle ait pu s'intéresser à moi sexuellement une seconde !

Et pourquoi pas ? Il y a des signes qui ne trompent pas. Non, elle veut juste être un peu courtisée. Normal.

Je suis nul. J'aurais dû lui parler. Maintenant, c'est trop tard, je ne peux pas rappeler. Si ça se trouve, elle a reconnu ma sonnerie. Ou ma respiration. Ou pire ! Mon numéro s'est affiché sur son écran !

Je m'assois. Ah oui, il faut que je me coupe les ongles.

À moins qu'elle ait mal noté mon numéro. Ou qu'elle l'ait perdu. Je ne vais pas l'appeler pour lui demander si elle a bien noté mon numéro. Elle répondrait : « Si si, ne t'inquiète pas. » Et moi : « Heu... bon... » Même pas capable de dire : « Puisqu'on se parle, prenons une date ! » Et pour terminer, l'estocade : « Je te laisse, on essaie de se rappeler la semaine prochaine. » La semaine prochaine, maintenant ! Plus tard, elle dira à sa copine : « Il est trop angoissé, ce type, je sais pas si je vais l'appeler. »

Zéro.

Et si elle a appelé et que c'était en dérangement ? Je décroche. La tonalité est là mais ça veut rien dire. C'était peut-être en dérangement tout à l'heure. Je bouge le fil : état correct. Pas de faux contact. Le petit clapet : impec.

À moins que ce ne soit une vengeance des Télécom parce que j'ai refusé leur abonnement Temps Libre. « Espérons que vous ne le regretterez pas... », m'a dit la fille au téléphone. Des menaces ?

Direction la salle de bains, j'ouvre le robinet pour me laver les cheveux. Insensé que tu es ! Et si elle appelle pendant le lavage ?

Pouce ! J'arrête !

Ce n'est pas comme ça que je m'en sortirai. Il faut que j'essaie d'être plus détaché. De m'en foutre carrément, même. Et, là, elle appellera. Oui. Elles les sentent, ces choses-là, les filles.

Mais comment s'en foutre quand on s'en fout pas ? Faire semblant. Et à force de faire semblant, je finirai par y arriver. Une sorte de pari de Pascal spécial drague. Oui, mais si elle appelle quand je m'en tape, à quoi bon ? Le mieux serait qu'elle appelle juste avant que je l'oublie vraiment.

Et puis je n'ai pas envie de l'oublier ! J'ai envie de penser à elle. De me repaître de son visage. De me souvenir de cette soirée. Tiens, repensons-y. Elle m'a dit « je suis bien avec toi ». Juste l'alcool ? Non. Alors pourquoi n'appelle-t-elle pas ? À moins que j'aie dit quelque chose qui lui aurait déplu avant de partir ? Qu'est-ce que j'ai dit... « Tu m'appelles, alors ? » Peut-être cette insistance était-elle de trop ? A-t-elle senti un excès de désir qui lui aurait fait peur ?

Je prends une agrafeuse sur mon bureau. J'agrafe deux feuilles vierges.

Je devrais être plus macho, comme Gérard. « Tu me plais, j'ai envie de toi. » Non merci ? Pas grave, il passe à la suivante. Ça marche une fois sur dix, c'est la théorie des 10 %. Sur cent tentatives, dix réussites. Les quatre-vingt-dix bides, il s'en bat l'œil. Pas comme moi qui attends d'être amoureux et pour qui chaque échec est un déchirement.

Je vais essayer. Elle me plaît ? Je veux qu'on se revoie ? Je lui téléphone et je le lui dis. Pas plus compliqué que ça ! Pas la peine d'attendre quatre jours, ni quatre semaines, ni quatre ans.

C'est réglé.

J'appelle.

Ou pas ?

33

Les vacances, normalement, ça détend. C'est sans compter avec les esprits malfaisants (et particulièrement le démon Pazuzu, d'origine assyrienne).

Ils commencent leur action la veille, au moment des bagages. Tout guilleret, on se prépare à ce break tropical, cette pause ressourçante, loin des bruissements de la grand-ville.

Soudain, tel un vol de ptérodactyles sortant de nulle part et trouant un ciel sercin, les démons questionneurs me tombent sur le paletot : j'emporte combien de slips ? Combien de T-shirts ? Pulls ou sweats ? Ou les deux ? Dans ce cas, combien de chaque ? Est-ce qu'il faut une parka pour la pluie ? Et les bouquins ? Il paraît qu'on s'emmerde dans les îles au bout de cinq jours à moins d'être fan de la brûlure au premier degré, ce qui n'est pas vraiment mon cas. Donc ne pas les oublier. De plus on transpire, il faut plus de vêtements que dans les pays froids. Et on m'a prévenu : « Attention, il peut faire frisquet le soir. » Ça veut dire quoi ? Qu'il faut emporter des vêtements pour le chaud et pour le froid ? Soit le double ? Finalement, les pays froids, c'est mieux, il fait froid tout le temps.

Je sais qu'une fois de plus, je prendrai dix fois trop de fringues, des fringues que je ne mettrai jamais, comme des chaussures de ville ou une veste en mohair que je me serai pourtant échiné à plier, déplier, replier avec un soin proche de l'excessif pour éviter que ça fasse un pli à la con après trois heures d'avion. Je sais aussi que j'oublierai l'essentiel comme ma trousse de toilette, mon maillot de bain ou ma raquette de tennis.

Ah ! Être prince de Galles ! Avoir des valets connaissant exactement mes besoins en chaussettes, mon niveau de transpiration, la fragilité de mes gencives, l'état de mon cuir chevelu, et toutes mes manies. Partir sans s'occuper des valises ! Les mains dans les poches ! Le rêve. Est-ce qu'il s'occupe au moins lui-même de ses papiers ? Pas sûr. Et d'abord est-ce qu'il en a, des papiers ? Et si c'est le cas, qu'est-ce qu'il y a dessus ? Profession prince ?

Pendant ce temps, l'être aimé, à côté, entasse ses affaires avec la plus parfaite sérénité, sans se poser la moindre question. Comment est-ce possible ? Quelle est cette force mystérieuse venue d'ailleurs qui la meut ?

Une fois sa valise bouclée, elle s'approche de moi qui en suis toujours à compter mes chaussettes.

— Tu t'en sors ?

— On a pensé aux trucs contre les moustiques ? fais-je, ignorant délibérément le geste d'attention.

— On en trouvera sur place.

Elle s'en fout, des moustiques, ils ne veulent pas d'elle. Moi, au contraire, mettez dix mille personnes dans un stade, c'est sur moi qu'il fondra, le maudit culicidé, sans l'ombre d'une hésitation. Et s'il y a des araignées ou des scorpions venimeux, ça sera aussi pour ma pomme. Exactement comme James Bond et la scolopendre géante qu'il sent grimper le long de son torse pendant son sommeil. Un seul mouvement, un hérissement de poil et c'est la mort assurée dans d'atroces souffrances. Bien sûr, dans son cas, c'est l'ignoble Blofeld qui a glissé la bestiole sous son drap. Blofeld est-il au courant de mon arrivée dans les Îles ?

Les bagages sont enfin prêts. On se couche. Il faut mettre le réveil. À quelle heure ?

— Le taxi arrive à 7 heures, il y a qu'à le mettre à 6 h 30 ! elle dit.

— 6 h 30, avec le temps que tu mets pour te préparer ? je dis.

Puis on enchaîne avec : tu rigoles, je suis toujours prêt avant toi, ça m'étonnerait, c'est toujours moi qui t'attends, tu veux toujours refaire les bagages à la dernière seconde, oh, la mauvaise foi.

Et ainsi de suite. On transige à 6 h 15.

Et là, pressentiment :

— On l'a changée quand, la pile du réveil, chérie ?

Évidemment, la chérie n'en sait rien.

— Qu'est-ce qu'on est mal organisés ! je poursuis. Pourquoi on ne met pas une étiquette avec : pile changée le tant ?

— Tu connais beaucoup de gens qui mettent une étiquette ?

Elle a raison. Petit couplet sur avant c'était mieux. Les appareils à ressort, par exemple, en voilà une vraie liberté ! Il n'y avait pas tous ces problèmes de piles jetables qu'on ne sait où jeter. Mais on va y revenir ! Oh oui, c'est sûr, on va y revenir ! C'est comme les vitres électriques dans les bagnoles ! Un progrès, ça ? Des trucs qui tombent toujours en panne ! Mais on va y revenir, aux manivelles ! Oh oui, c'est sûr, on va y revenir !

Fin du couplet. Retour au réveil. Pour plus de sûreté, je décide que l'on va se faire appeler aussi par le téléphone.

— Ça tombe jamais en panne, le téléphone, hein ! j'affirme pour me rassurer.

— Ça peut se produire...

— Tu connais quelqu'un à qui c'est arrivé ? m'alarmé-je.

— Non...

Le ton monte :

— Pourquoi tu dis n'importe quoi ? Si tu sais pas, tu dis rien !

— Tu me demandes, je te réponds !

Et il suffit qu'une vague probabilité non nulle soit évoquée pour qu'instantanément elle passe au rang d'événement quasi certain.

— C'est vrai, me souviens-je, Christophe a dit que ça n'avait pas sonné pour son entretien d'embauche.

— Oui mais Christophe...

— Quoi, oui mais Christophe ? C'est parce que c'est mon copain, c'est ça ?

— Ça n'a rien à voir !

— C'est marrant comme tu essaies toujours de casser mes amis !

Les vacances commencent bien.

Où est le mode d'emploi du réveil par téléphone ? Dans le téléphone, justement. Il faut faire le 3611... Une voix synthétique m'indique que pour 6 h 15, il faut faire *55*0615#... Je le fais.

« Raccrochez », fait la voix.

Je raccroche.

C'est tout ? Aucun message de confirmation ? Comment être certain que ça a bien été enregistré ? Et puis, ai-je tapé les bons chiffres ? À la place de 0615 j'ai peut-être mis 1506. Ou 0516.

Ça ne va pas du tout. Il faut tout recommencer. Mais d'abord annuler ce que je viens de faire. Ensuite programmer le réveil pour dans deux minutes afin de vérifier que ça fonctionne... Mais comment annuler ? Ils le disaient, sur le 3611, mais je ne l'ai pas noté... Je refais le 3611, j'entends qu'il faut retaper l'heure, mais en remplaçant # par * et vice-versa. Je le fais. Message d'annulation ! Ça marche !

Je programme le réveil pour dans deux minutes.

Sonnerie. Je décroche. Ça marche. Je recommence la programmation du réveil à 6 h 15... Logiquement, ça devrait marcher. Logiquement. C'est une voix artificielle, donc pas de risque de grève, sauf évidemment grève de ceux qui font fonctionner la voix. Mais ils ne s'attaquent jamais au service du réveil... Ça ne s'est jamais vu, hein, chérie ?

Mais on ne répond pas. La chérie s'est endormie. Comment peut-on être aussi calme, alors que le sort de nos vacances de rêve est en jeu ? Inconscience ? Nerfs d'acier ? Maîtrise totale de son Karma ?

Je décide d'essayer d'en faire autant.

Le matin, bien sûr, pas besoin de réveil, j'ai les yeux grands ouverts depuis deux heures. C'était bien la peine de faire tout ce cirque ! J'attends quand même, histoire de vérifier que les réveils ont fonctionné. Surtout celui par téléphone. Trois francs soixante-huit ! Quel scandale ! Si ça ne marche pas, ils vont m'entendre ! Ça oui ! Ils se prennent pour qui, à France Télécom ! Non mais ! L'arrogance de ces grands monopoles est intolérable ! Ça ne peut plus durer ! Il faut se battre ! Dès cet instant je décide de prendre la tête d'un grand mouvement de défense des usagers.

Ma crise d'indignation est interrompue net par le dring réveil suivi du dring téléphone.

Tout baigne.

— C'est bien de se lever tôt. On est moins stressés pour le départ, me dit-elle en trempant sa tartine.

C'est vrai. C'est chouette d'être en avance. On prend

le petit dèje, tranquille... On se prépare, tranquille. Les bagages sont dans l'entrée. Le taxi arrive. Tranquille.

C'est alors que le démon Pazuzu se rappelle à mon bon souvenir :

« Es-tu certain d'avoir bien emporté le chargeur du portable ? » Je suis presque certain que oui, mais ça ne coûte rien de vérifier. Les rangements faits avec amour la veille, ce savant agencement des choses, pensé pour utiliser l'espace au maximum, tout est saccagé sauvagement. Éjectés, les T-shirts pliés au carré ! À dégager, les chemises que je m'étais emmerdé à boutonner ! Et la trousse de toilette habilement calée par une ceinture et trois paires de chaussettes ! Quelle désolation dans la valise ! Tout ça pour retrouver cette saloperie de chargeur au fond du sac, bien sûr. Je le savais en plus ! Pourquoi ce qu'on cherche est-il toujours au fond du sac ?

Dans la foulée, je vérifie aussi la trousse de toilette : ça va, les deux boîtes de Lexomil sont là. Ce n'est pas que j'en aie besoin, mais je dormirai mieux si je sais que je peux en prendre en cas de nécessité, tout en sachant que je ne le ferai pas. Date limite, OK... L'eau est-elle coupée ? Et le gaz ? Et le répondeur ? Mis ?

— Mais tu as déjà vérifié trois fois !

Curieux comme ce qu'elle trouvait charmant au début de notre histoire devient horripilant cinq ans plus tard. Aurait-elle rencontré quelqu'un ?

— Est-ce qu'on allume la lumière ? je demande sur le seuil, la clé à la main.

— Pour ?

— Les voleurs.

— Tu veux laisser la lumière allumée pendant dix jours ? Mets plutôt une pancarte : maison vide pendant dix jours.

Excellente réponse.

— Il fallait acheter un minuteur ! On le dit chaque fois qu'on s'en va ! Pourquoi on le fait pas ?

— Justement parce qu'on n'y pense que quand on s'en va !

Encore une excellente réponse. C'est énervant, toutes ces excellentes réponses.

— Il va falloir le marquer quelque part, pour la prochaine fois !

— C'est ça, à côté des piles pour le réveil !

Et, petit à petit, la demi-heure d'avance se transforme en quart d'heure d'avance, puis en rien d'avance, puis en début d'amorce de retard...

Dans le taxi, on s'aperçoit que, comme d'habitude, on a oublié l'appareil photo. Pas grave. Pour les paysages, il y a les cartes postales et pour les souvenirs, nos têtes.

L'aéroport est en vue, il est là, on est dedans. Speedité maximum. Hall B. Où il est ? À l'autre bout. Faut jamais chercher, le hall B est toujours à l'autre bout.

— Donne-moi les billets !

— Les billets, je les ai pas, c'est toi qui les as !

Je n'en crois pas mes oreilles :

— Quoi ? Je t'ai dit : « Prends-les, ils sont sur la commode ! »

— Mais non, tu m'as dit : « Je m'en occupe ! »

C'est pas vrai ! Elle ne comprend rien, cette espèce de conne !

— C'est pas vrai ! Tu comprends rien, espèce de gourde ! hurlé-je, interprétant ma pensée au plus près.

— Comment tu me parles ! Connard toi-même !

Les vacances commencent de plus en plus mal.

Finalement, les billets, je les retrouve au fond du sac. Comme la veille, j'avais peur de les oublier, je les avais mis en premier. C'est pourquoi je les retrouve en dernier.

Tout est bien qui finit pas très bien.

Avion.

Le verre de jus d'orange et la serviette-fraîcheur. Le bonbon, aussi.

Réussirions-nous à semer le démon Pazuzu ?

Table

Achevé d'imprimer sur les presses de

BUSSIÈRE

GROUPE CPI

à Saint-Amand-Montrond (Cher)
en avril 2003

POCKET - 12, avenue d'Italie - 75627 Paris Cedex 13
Tél. : 01-44-16-05-00

— N° d'imp. : 32296. —
Dépôt légal : mai 2003.

Imprimé en France